Comment pensent les animaux

LOÏC BOLLACHE

Comment pensent les animaux

J'AI LU

INTRODUCTION

DES DAUPHINS ET DES HOMMES

Laguna est une petite ville côtière du sud du Brésil devenue célèbre pour ses dauphins et la relation particulière que ceux-ci ont tissée au fil des années avec les pêcheurs locaux. Chaque automne, se répète un étrange manège : les dauphins et les pêcheurs coopèrent pour capturer leur poisson favori, le mulet. Les Hommes pratiquent la pêche à l'épervier, ce lourd filet que l'on porte sur l'épaule et qu'on lance devant soi avec un mouvement précis afin de lui donner une forme de cercle. Les pêcheurs expérimentés attendent patiemment sur le rivage l'arrivée des dauphins. Inutile d'essayer de pêcher en leur absence, les eaux troubles rendent impossible la détection visuelle des poissons par les Hommes et leurs efforts seraient vains. Seuls les cétacés, équipés de leur sonar, sont susceptibles de repérer la présence des proies dans ces eaux chargées de limon. Quand un banc de mulets est localisé par les dauphins, ceux-ci poussent les poissons en direction de la côte et des pêcheurs. Lorsque les mulets sont assez proches du rivage, les Hommes jettent leurs filets dans un mouvement unique, tandis que les dauphins frappent leur tête ou leur queue contre la surface de l'eau. Les poissons se retrouvent alors coincés entre les cétacés au large et les filets le long de la côte, pris en étau par les deux partenaires, humain et animal. Un remarquable exemple de coordination entre les deux espèces.

Ce que l'on observe à Laguna n'est pas unique. On trouve le premier récit d'une telle coopération entre dauphins et pêcheurs déjà chez Pline l'Ancien (23-79 après notre ère) dans le livre IX de son *Histoire naturelle* publiée vers l'an 77. La scène qu'il décrit est assez similaire à celle des pêcheurs brésiliens. Elle se déroule dans la province de Narbonne, au niveau de l'étang Latera (Lattes aujourd'hui). À une époque précise de l'année, de nombreux mulets – encore eux ! – se précipitent dans la mer par l'ouverture étroite de l'étang. Les hommes, qui remarquent les bancs de poissons, se mettent à appeler les dauphins en criant. Ces derniers, entendant que l'on a besoin d'eux, se regroupent au niveau de la passe et empêchent les poissons de quitter l'étang pour rejoindre la haute mer. Les pêcheurs lancent alors leurs filets qu'ils doivent soulever avec des fourches tellement la prise est abondante. Pline l'Ancien précise même qu'une fois la pêche terminée, les dauphins, sentant qu'ils ont rendu trop de services pour ne recevoir de salaire qu'un seul jour, attendent le lendemain pour partir et se rassasient non seulement de poissons, mais aussi de pain trempé dans du vin.

Les récits de Laguna et de Pline l'Ancien sont similaires aux observations faites par les scientifiques ; les mêmes scènes se répètent ou se sont répétées dans au moins deux autres parties du globe. En Mauritanie, entre les pêcheurs de la tribu des Imraguens et trois espèces de dauphins (le même Grand dauphin impliqué dans la pêche au Brésil, *Tursiops truncatus* ; le Dauphin commun à bec court *Delphinus delphis* ; et enfin le Marsouin commun *Phocoena phocoena*). En Birmanie, entre les pêcheurs locaux et les dauphins du fleuve Irrawaddy (*Orcaella brevirostris*). Un article écrit en 1973 par un spécialiste des dauphins, René-Guy Busnel (1914-2017), donne une description précise de l'organisation d'une partie de pêche sur le banc d'Arguin en Mauritanie. Tôt le matin, les Imraguens scrutent la mer à la recherche d'un léger changement de couleur de l'eau qui pourrait signaler la présence d'un banc de mulets. Dès qu'un tel banc est repéré, l'un des pêcheurs entre dans l'eau et se met à battre violemment de gauche à droite la surface de la mer avec un bâton, au rythme d'un coup toutes les 4 à 6 secondes durant 3 à 5 minutes. En quelques minutes seulement, les dauphins apparaissent ; les autres pêcheurs se mettent à leur tour à l'eau en portant au bout de longues perches leurs filets. Comme au Brésil et dans le récit de Pline l'Ancien, les poissons se retrouvent coincés entre leurs deux prédateurs permettant à ces derniers de tirer un bénéfice réciproque de cette coopération.

Au-delà d'une harmonie plus ou moins fantasmée entre l'Homme et l'animal, une observation approfondie de ces phénomènes révèle, pour le scientifique que je suis, une réalité plus complexe et encore plus fascinante. Ainsi, comme l'a montré en 2002 Fábio Gonçalves Daura-Jorge de l'université fédérale de Santa Catarina au Brésil, écologue spécialiste du comportement des dauphins, seul un tiers des quelque 50 dauphins recensés à Laguna coopèrent réellement avec les pêcheurs. Les autres se tiennent à l'écart des Hommes. Pourquoi certains dauphins décident de coopérer et d'autres non ? Ces individus pourraient-ils être biologiquement (génétiquement) plus disposés à chasser de cette manière ? Est-ce une question de personnalité ou d'influence parentale ? Comment ensuite arrivent-ils à interpréter les signaux des Hommes ? Se transmettent-ils la technique de pêche et comment ? Des travaux plus récents toujours menés par Fábio Gonçalves Daura-Jorge nous offrent les premières réponses. Par exemple, les dauphins d'un même groupe familial semblent plus enclins à adopter le comportement de pêche coopérative après une phase d'apprentissage, la mère apprenant le *modus operandi* à sa progéniture. Pour bien comprendre ces comportements, leur origine et leur maintien au sein d'une population ou d'un groupe, nous devons admettre que les dauphins sont certainement capables d'anticiper les comportements des pêcheurs, de mémoriser un site et une période de l'année propices à cette pêche, et qu'ils peuvent se transmettre un savoir et communiquer entre eux. Tout ceci amène forcément à se poser la question de l'existence d'une forme d'intelligence chez les dauphins, et par extension de « l'intelligence animale ».

DE DESCARTES À LA FONTAINE, L'INTELLIGENCE ANIMALE FAIT SON CHEMIN

L'existence d'une intelligence animale est une question qui oppose les Hommes depuis longtemps, et chaque époque a connu son lot de controverses entre ceux qui croient en une intelligence non humaine et leurs adversaires. L'une des plus célèbres est sans nul doute la réponse de La Fontaine (1621-1695) à Descartes (1596-1650). Ces deux grands esprits du XVIIe siècle divergeaient sur de nombreux points, dont celui de la question de l'esprit chez l'animal. La Fontaine s'opposa à la radicalité de la théorie de « l'animal machine » de Descartes pour qui « les animaux n'ont pas de langage et c'est la nature qui agit en eux selon la disposition de leurs organes, un stimulus entraîne une réponse comportementale, leur faculté d'adaptation est due à leur instinct qui n'est pas de l'intelligence ». L'âme pour Descartes était indissociable de la raison et de la pensée, et les animaux en étaient naturellement privés. Ainsi, en dépit de nombreuses ressemblances physiques soulignées par les naturalistes de l'époque, les différences entre l'animal et l'Homme étaient, selon Descartes, de nature métaphysique (« L'homme est plus proche de Dieu que des animaux »). Il résumait sa position ainsi : « Les bêtes n'ont pas seulement moins de raison que les hommes, elles n'en ont point du tout. »

La Fontaine, pour construire ses fables, attribuait souvent aux animaux des capacités de raisonnement ou des défauts typiquement humains. Dans la célèbre fable « Le corbeau et le renard », le renard apparaît rusé, menteur et manipulateur, exploitant la vanité du corbeau pour arriver à ses fins et manger son fromage. La vision anthropomorphique des animaux lui permettait alors d'illustrer dans ses histoires les travers des humains. Jean de La Fontaine pouvait néanmoins être plus direct dans ses critiques. Dans son « Discours à Madame de la Sablière », femme d'esprit et savante du XVIIe siècle qui l'avait accueilli dans son château de 1673 jusqu'à sa mort en 1693, La Fontaine vise un tout autre objectif. Riche de nombreux exemples illustrant des situations où l'animal fait preuve de malice, son discours se voulait une réponse des plus élégantes à la théorie de « l'animal machine » de Descartes. Sous sa plume, il opposait à la vision cartésienne du philosophe des anecdotes du monde animal qui étaient bien connues de tous. Il résume ainsi la position du philosophe…

« La bête ne réfléchirait,
Sur l'objet ni sur sa pensée.
Descartes va plus loin, et soutient nettement
Qu'elle ne pense nullement. »

… et la tourne en ridicule en la confrontant à plusieurs exemples, comme celui du vieux cerf qui, pour échapper aux chasseurs, les trompe en les conduisant sur la piste d'un jeune cerf novice.

« Cependant, quant aux bois
Le bruit des cors, celui des voix,
N'a donné nul relâche à la fuyante proie,
Qu'en vain elle a mis ses efforts
À confondre et brouiller la voie,
L'animal chargé d'ans, vieux cerf, et de dix cors,
En suppose un plus jeune, et l'oblige, par force,
À présenter aux chiens une nouvelle amorce.
Que de raisonnements pour conserver ses jours !
Le retour sur ses pas, les malices, les tours,

> Et le change, et cent stratagèmes
> Dignes des plus grands chefs, dignes d'un meilleur sort. »

Le poète terminait son *Discours* par une fable nommée : « Les deux rats, le renard et l'œuf », où deux rats, pour garder leur œuf convoité par le renard, réfléchissaient à la meilleure façon de le déplacer. Le premier rat, en traînant par la queue le second qui portait dans ses bras leur repas, prouvait leur esprit, leur réflexion et leur adaptation à une situation inédite. Cette fable confirme que pour La Fontaine, l'intelligence animale peut apparaître à des occasions diverses et n'est pas qu'une question de réflexe de survie. Pour dépasser ces oppositions basées sur des ressentis ou des témoignages sans fondement théorique solide, il faudra attendre deux cents ans et la révolution darwinienne du XIXe siècle.

DARWIN ET LES PREMIERS ÉTHOLOGUES

Charles Darwin (1809-1882) est connu pour avoir révolutionné la biologie, mais il a aussi contribué à poser les termes de nombreux débats qui secouent encore aujourd'hui nos sociétés. Sur la question de l'intelligence animale, il a encore fait preuve d'une insolente modernité. Dans son ouvrage *La descendance de l'homme et la sélection sexuelle* publié en 1871, Darwin aborde les questions des facultés mentales de l'Homme comparées à celles des animaux, et du développement des facultés intellectuelles et morales. Ses intentions sont clairement exprimées et ne laissent aucun doute. Ainsi, le grand biologiste écrit : « J'ai l'intention de démontrer dans ce chapitre qu'il n'existe aucune différence fondamentale entre l'homme et les mammifères les plus élevés, au point de vue des facultés intellectuelles. » Et plus loin dans le même ouvrage : « Néanmoins, si considérable qu'elle soit, la différence entre l'esprit de l'homme et celui des animaux les plus élevés n'est certainement qu'une différence de degré, et non d'espèces. »

Pour Darwin, l'intelligence, chez les espèces animales, devient un élément du phénotype de chaque individu, au même titre que des traits physiques. Autrement dit, l'intelligence est un caractère soumis à la sélection naturelle comme peut l'être la taille ou la vitesse de déplacement. Si on comprend aisément qu'il est vital pour une gazelle de courir vite, surtout plus vite que sa voisine, pour échapper aux griffes des lionnes, il apparaît évident qu'il est tout aussi important pour cette même gazelle d'apprendre, de connaître et d'interpréter le comportement des prédateurs pour les éviter au mieux. Ainsi, au sein d'un troupeau, les individus les plus intelligents auraient plus de chance de survivre et de se reproduire que leurs congénères aux capacités cognitives moindres, ce qui implique pour

Darwin l'existence de variations entre individus. Un scientifique va poursuivre sur ce chemin, George John Romanes (1848-1894), contemporain de Darwin, qui publie en 1882 *Animal Intelligence* dans lequel il évoque « l'inférence subjective » qui implique que les activités des organismes non humains sont analogues aux activités humaines. Il ouvre la voie aux travaux des éthologues Konrad Lorenz (1903-1989) et Nikolaas Tinbergen (1907-1988). Finalement, l'Homme et l'animal ne seraient pas si différents. Au-delà des ressemblances physiques, nous partagerions d'autres caractéristiques comme l'intelligence, la culture, la sensibilité, l'émotion. Si c'est réellement le cas, alors comment justifier l'expérimentation animale et les conditions dans lesquelles vivent les animaux d'élevage aujourd'hui ?

EST-IL POSSIBLE DE DÉFINIR L'INTELLIGENCE ?

La notion d'intelligence, même chez les Hommes, est complexe car elle renvoie nécessairement à une volonté plus ou moins avouée de classer les individus en utilisant des critères comme le quotient intellectuel (QI). L'histoire des premières tentatives de mesure de l'intelligence humaine dès la fin des années 1800 est symptomatique de cette volonté de hiérarchiser les individus. Initié par les travaux du médecin français Paul Broca (1824-1880), spécialiste du cerveau, et de l'anthropologue anglais sir Francis Galton (1822-1911), tristement célèbre pour avoir été le fondateur de l'eugénisme, qui pensaient pouvoir corréler volume crânien et intelligence individuelle, l'évaluation de l'intelligence va connaître son véritable essor avec deux chercheurs français, Alfred Binet (1857-1911) et Théodore Simon (1872-1961). Au début des années 1900, ces deux psychologues furent chargés par le ministère de l'Éducation d'imaginer un moyen d'identifier, parmi les enfants ayant des résultats scolaires insuffisants, ceux souffrant d'insuffisances intellectuelles. Autrement dit, le test du QI a d'abord été développé pour détecter des enfants considérés comme « anormaux », littéralement des enfants qui s'écartent de la norme. Son approche est révolutionnaire pour l'époque. On ne s'intéresse plus à des caractéristiques physiques comme le volume, le poids ou la forme du crâne, mais à la mémoire, au raisonnement logique ou encore à l'identification d'objets. Il reste cependant marqué par cette empreinte originelle et ce rapport à la normalité. Quel parent ne redoute pas de s'entendre dire un jour « votre enfant est anormal », ce qui peut signifier à terme une exclusion de l'école, un changement d'établissement ou même la cessation du cursus scolaire « normal », jusqu'à l'exclusion sociale. Si ce test a connu et connaît encore un vif succès, il le doit à sa simplicité. Il comporte pourtant des limites. Ainsi, il ne nous renseigne pas sur la capacité d'adaptation des individus à des situations nouvelles, ce qui constitue pourtant, comme vous allez le voir un peu plus loin, un élément clé des nombreuses définitions de l'intelligence. Par ailleurs, il reste encore mal compris par la grande majorité des utilisateurs et il est toujours employé par certains courants idéologiques comme un argument justifiant les discriminations. Le test du QI a été inventé pour permettre une quantification standardisée des performances intellectuelles individuelles à un âge donné. Son intérêt est qu'il soit facilement reproductible, utilisable par un grand nombre de professionnels, pour permettre de comparer les individus à une norme prédéterminée. Ainsi, la première erreur est de croire que le test du QI serait une mesure exacte de l'intelligence équivalente à la mesure de votre taille. Or, le QI n'est qu'un outil permettant de classer un individu par rapport à une référence. Ainsi, un QI de 100 pour un individu signifie simplement que 50 % des individus de sa classe d'âge ont un score au test du QI inférieur au sien, et que 50 % ont un score plus élevé. Autrement dit, avec un QI de 100, vous auriez une intelligence moyenne ou « normale ». La seconde incompréhension est de croire que le test du QI, basé sur des questions évaluant principalement la mémoire et le raisonnement, permettrait d'évaluer l'intelligence dans son entièreté. L'intelligence mesurée par le QI est principalement une intelligence « académique » ou « scolaire », toutes les autres capacités intellectuelles ou cognitives comme l'imagination, la créativité, l'émotion, la curiosité, etc. ne sont pas évaluées.

Le meilleur critique du test du QI était le généticien français Albert Jacquard (1925-2013). L'idée d'établir une hiérarchie entre les êtres vivants basée sur un simple chiffre, compris généralement entre 70 (attardé mentalement) et 140 (intelligence très supérieure), lui faisait horreur. Selon lui, prétendre pouvoir mesurer l'intelligence et ramener la complexité multiforme d'un individu à un malheureux chiffre était une idiotie, oubliant par exemple les causes naturelles de variations des performances intellectuelles entre individus telles que l'âge, le sexe ou encore l'environnement social. Ainsi, quel intérêt de comprendre quelque chose à 13 ans plutôt qu'à 15 ou à 18 ? L'important n'est-il pas de finir par comprendre ? Lorsqu'il enseignait la génétique à ses étudiants en première année de médecine, Albert Jacquard constatait que les filles avaient en moyenne de meilleurs résultats que les garçons. Devait-il en conclure que les garçons étaient moins intelligents ? Non, il préférait une autre explication qui lui semblait plus logique : à cet âge, tandis que les filles pensent à leurs études, les garçons pensent aux filles…

Pour aller plus loin dans notre compréhension de l'intelligence, il est nécessaire et utile d'essayer d'en donner une définition. Étymologiquement, l'intelligence est dérivée du latin *intellegere* (« discerner », « comprendre »). Selon les auteurs, elle est définie comme « la capacité générale d'adaptation à des situations nouvelles par des procédures cognitives » (Reuchlin, *Dictionnaire de psychologie*, 1991), « la capacité générale qu'a un individu de comprendre et de maîtriser le monde qui l'entoure » (Wechsler, *WPPSI-R*, 1995), ou encore « la capacité à apprendre, à comprendre et à s'adapter à de nouvelles situations » (Kline, *Intelligence : The Psychometric View*, 1991). Résumons-la, simplement, à la capacité d'adaptation des individus face à des situations nouvelles.

Cependant, un écueil demeure, que l'on retrouve dans les principales théories de l'intelligence : l'intelligence est-elle une propriété individuelle générale ou en existe-t-il différentes formes ? Le concept d'une intelligence unitaire est le produit des travaux de Charles Edward Spearman (1863-1945) entre 1904 et 1927. Selon ce psychologue britannique, l'intelligence est générale. En étudiant les corrélations entre plusieurs types d'épreuves cognitives, Spearman observe des corrélations positives. En clair, plus on réussit dans certaines épreuves, plus on a tendance à réussir dans d'autres. Il conclut que des capacités intellectuelles différentes (mémoire, raisonnement, représentation dans l'espace...) seraient liées, dépendantes d'un facteur unique qu'il a nommé « facteur g » (pour facteur général). Louis Leon Thurstone (1887-1955), son contemporain, va apporter une vision différente en introduisant la notion d'aptitudes multiples. Lui ne propose pas un facteur général, mais sept facteurs, tous indépendants : la compréhension verbale, le raisonnement, la vitesse perceptive, l'aptitude numérique, la fluence verbale, la mémoire associative et la visualisation spatiale, qu'il appelle « aptitudes primaires ». Si Thurstone ne parle pas réellement d'intelligence multiple, il ouvre la porte à ce concept. Il faudra attendre de nombreuses années pour voir la conception pluraliste de l'intelligence émerger. C'est au psychologue américain et professeur de psychologie cognitive Robert Sternberg que l'on doit cette idée. Sternberg propose en 1985 que l'intelligence soit vue comme une faculté aidant l'individu à s'adapter. C'est là un changement important car il pose le principe d'une intelligence multiple, décomposée en trois formes : analytique, pratique et créative. En 1983, Howard Earl Gardner, psychologue américain, proposera, quant à lui, une théorie de l'intelligence multiple extrêmement ambitieuse. Gardner travaille sur des individus généralement privés d'une partie de leurs facultés intellectuelles, incapables de réaliser certaines tâches et capables d'en assumer d'autres – il les nomme les « idiots savants », qui possèdent des capacités intellectuelles globalement médiocres, mais qui excellent dans un seul domaine. Ainsi, pour Gardner, les individus n'ont pas une intelligence globale mais un ensemble de capacités qu'ils peuvent développer au cours de leur vie, synonymes de différentes formes d'intelligence. Il n'identifie pas moins de huit domaines : linguistique, logico-mathématique, spatial, intrapersonnel, interpersonnel, corporel-kinesthésique, musical et naturaliste.

Et les animaux dans cette histoire, me direz-vous ? Parallèlement aux travaux sur l'intelligence humaine, de nombreux chercheurs commencent à explorer l'intelligence animale à partir de la seconde moitié du XXe siècle. Certaines de leurs découvertes vont modifier à jamais notre vision. C'est le cas de la « danse » des abeilles, langage utilisé par ces insectes pour diffuser parmi les butineuses d'une colonie la découverte des sources de nourriture, identifiée par l'éthologue allemand Karl von Frisch (1886-1982). Pour ses travaux il fut distingué par le prix Nobel de médecine en 1973, partagé avec les deux éthologues Konrad Lorenz et Nikolaas Tinbergen pour leurs recherches concernant « l'organisation et la mise en évidence des modes de comportement individuel et social ». C'est aussi le cas de l'étude des grands singes dans les années 1960, avec la femelle chimpanzé Washoe, capturée en Afrique pour les besoins de la Nasa, à qui les époux Gardner, Beatrix, éthologue, et Allen, psychologue, enseignèrent dès l'âge de dix mois l'ameslan, la langue des signes des sourds-muets nord-américains, et qui à la fin de sa vie maîtrisait plus de 250 signes pour communiquer avec les chercheurs.

Se détachant plus ou moins aisément d'une vision anthropomorphique des capacités intellectuelles, les chercheurs vont puiser dans la psychologie cognitive humaine pour imaginer de nouvelles approches chez les animaux. J'ai toujours été étonné de nos efforts pour apprendre le langage des signes à des primates, à des dauphins ou perroquets, et de conclure que les animaux, vu leurs faibles progrès, seraient moins intelligents que les humains, voire dénués de langage. Si l'on retourne le test, serions-nous, malgré notre immense supériorité supposée, capables de comprendre le langage des dauphins ? Pour mesurer les capacités réelles des animaux, il faudra attendre les études sur la mémoire, les représentations de l'espace et l'élaboration de cartes cognitives. Ces recherches réalisées en laboratoire, dans des conditions contrôlées, donc éloignées du contexte environnemental naturel, vont néanmoins révéler d'incroyables facultés. Au même moment, des écologues et des zoologues, influencés par les premiers travaux des éthologues, vont chercher à comprendre comment l'intelligence animale a pu émerger : ce seront les travaux du Japonais Shunzo Kawamura et de son équipe chez les macaques du Japon, et ceux des ornithologues James Fisher et Robert Hinde sur l'utilisation d'outils chez les mésanges. Ces deux approches complémentaires, l'analyse des facultés individuelles en laboratoire et l'étude des comportements dans le milieu naturel, nous permettent aujourd'hui de dresser un tableau cohérent de l'intelligence animale. Pour en saisir l'étendue, il faut explorer les capacités individuelles telles que la mémoire, le langage, la pensée ou le raisonnement, l'aptitude à résoudre des problèmes, la culture, la créativité ou l'innovation.

CHAPITRE 1

SE SOUVENIR DES BELLES CHOSES, LA MÉMOIRE COMME BASE DE L'INTELLIGENCE

L'apprentissage est une faculté essentielle pour de nombreuses espèces animales confrontées à un environnement variable. Les animaux sont capables d'apprendre et d'innover, de créer, de reconnaître leurs congénères, de tricher dans des cas particuliers. Mémoriser des situations et des apprentissages est apparu comme un sérieux avantage au cours de l'évolution pour gagner en efficacité et éviter de repartir de zéro chaque fois qu'une situation se répète. Si la capacité d'apprendre est inutile sans mémoire, il est impossible, et surtout pas indispensable d'enregistrer toutes les informations. La mémoire n'est pas infinie et un choix s'impose. C'est alors qu'intervient la séparation entre la mémoire à court terme, limitée, non durable dans le temps, et celle à long terme, qui nécessite une sélection des informations à conserver. Cette distinction est cependant grossière et l'organisation de la mémoire reste encore aujourd'hui un champ de recherche important.

NE PAS SE PERDRE EN CHEMIN

Pour la plupart des animaux, savoir se situer dans l'espace est indispensable. Il faut se déplacer quotidiennement pour chercher de la nourriture, rencontrer un partenaire reproducteur, retrouver en cas de besoin un logis. Savoir où aller pour obtenir une ressource et où ne pas aller pour éviter des prédateurs ou des compétiteurs est un gage de survie.

Le Rat surmulot (*Rattus norvegicus*) est un animal merveilleux, élégant et surprenant à bien des égards. C'est une espèce sociale, vivant dans une grande diversité d'habitats, et qui mange pour ainsi dire à la même table que l'Homme dont il a su utiliser tous les travers pour améliorer son quotidien. Cette proximité avec l'espèce humaine, associée à sa manipulation et sa reproduction aisées en laboratoire, en a fait un modèle d'étude favori. Il n'y a guère de raisons de croire que les mouvements du rat, comme des autres animaux en général, se font au hasard. Ceux qui nous sont les plus proches, tels que le chat ou le chien, repèrent vite dans leur environnement l'emplacement de leur gamelle ou d'une trappe pour entrer ou sortir de la maison. Amusez-vous à déplacer leurs repères et ils réapprendront à les situer dans la maison. Le matin, observez leur manège. Ils ne font pas le tour des pièces pour trouver leur nourriture, ils se dirigent, ou plus exactement vous dirigent, directement vers leur assiette, vous signifiant clairement qu'il est l'heure de déjeuner. Les avantages d'une mémorisation semblent évidents. Se souvenir permet de se déplacer de manière optimale dans son environnement et donne à l'animal la capacité d'adapter son comportement tout en économisant ses efforts.

COMME UN RAT DANS UN LABYRINTHE

En 1930, le psychologue américain Edward Chace Tolman décide de rompre avec les théories de l'apprentissage de l'époque en imaginant un dispositif pour démontrer, chez le rat, qu'un apprentissage peut exister en dehors du cadre classique essai-erreur. Tolman et ses collaborateurs sont connus pour avoir popularisé l'utilisation de labyrinthes dans les expériences en sciences cognitives. Avant eux, Edward Lee Thorndike puis Frederic Skinner recouraient à des boîtes dans lesquelles des animaux étaient placés afin d'observer leurs réactions. Chez Thorndike, un chat est mis à l'intérieur d'une boîte dite « boîte à problèmes ». Il doit actionner des mécanismes comme une chaînette, un loquet ou une pédale pour en sortir afin d'accéder à la nourriture disposée à l'extérieur. Lorsque le chat pousse le loquet ou tire sur la chaînette rien ne se passe, mais s'il appuie sur la pédale il peut sortir. L'animal apprend au fur et à mesure des expériences à appuyer sur la pédale, délaissant, par essai-erreur, les autres comportements non bénéfiques.

L'idée de l'apprentissage latent, mise en avant par Edward Tolman, s'oppose alors à l'apprentissage avec récompense de Thorndike. Pour Tolman, le simple fait qu'un animal explore librement un dispositif expérimental lui permet d'acquérir de précieuses informations, dont de nombreux repères dans l'espace. Placé dans un environnement complexe, l'animal apprend à se situer afin d'optimiser ses futurs parcours, sans qu'il y ait une récompense ou une punition au bout. Cette faculté des rats à mémoriser leur environnement spatial pour mieux se déplacer semble cohérente avec leur biologie. Ces rongeurs passent une partie de leur vie dans des réseaux de galeries complexes et mieux vaut savoir où l'on se trouve pour ne pas tourner en rond. Les travaux du psychologue américain sur l'apprentissage vont justement l'amener à s'intéresser plus finement aux parcours et aux déplacements des rats. En 1947, Tolman construit un dispositif formé de quatre planches en bois disposées en croix, semblables aux quatre points cardinaux d'une boussole, nord, est, sud et ouest. Un individu est déposé soit au bout de la planche côté nord, soit côté sud. Il ne peut se déplacer que sur la planche jusqu'à choisir, une fois arrivé au centre, de s'orienter vers un des deux côtés, est ou ouest, où est déposée de la nourriture dissimulée derrière un tissu. Tolman et ses collaborateurs comparent alors ce qui se passe dans deux situations. Dans la première, l'appât est placé sur les côtés est ou ouest en fonction de la position de départ, de manière que les rats effectuent toujours la même action, par exemple tourner à gauche. Dans la deuxième configuration, la nourriture est toujours placée du côté est, de telle sorte que le rat doit apprendre à modifier sa réponse en fonction de sa position initiale, c'est-à-dire tourner à gauche s'il a été introduit dans le dispositif en position nord, à droite s'il a été posé en position sud.

Ce que Tolman a découvert a modifié notre perception de la mémoire des animaux. Dans la première situation où les rats réalisent toujours la même action, la mémoire impliquée est appelée « procédurale » car elle concerne des procédures simples et répétitives – dans ce cas précis, toujours tourner à gauche à l'intersection des branches du labyrinthe pour trouver la nourriture. C'est intéressant, mais pas très novateur. Cette forme de mémoire permet de réaliser des actions automatiques acquises par répétition, sans avoir à les réapprendre à chaque fois. C'est une mémoire à long terme. Dans la seconde situation où le rat doit modifier sa réponse, tourner à droite ou tourner à gauche en fonction de sa position de départ, on se rapproche de la mémoire « déclarative » connue chez l'Homme. Là encore, rien de bien nouveau. Elle consiste, pour un individu, à utiliser ses connaissances pour modifier son comportement face à des situations variables. Mais quelles connaissances ? C'est ici que la découverte de Tolman est exceptionnelle. Rien de moins qu'une représentation mentale de son environnement, une carte mentale que le rat aura mémorisée et qui lui permettra de prendre la bonne décision et l'orientation adéquate en fonction de sa propre position. En étudiant l'apprentissage chez les rats, Tolman a mis au jour l'existence d'une carte cognitive, d'une mémoire « spatiale ». La construction et la mémorisation d'une représentation de son environnement spatial permettent au rat de choisir le meilleur trajet. Il n'apprend pas seulement que la nourriture est à droite ou à gauche de son point de départ, mais où elle est, en fonction de nombreux repères dans l'environnement, de telle sorte qu'il arrivera toujours à la retrouver quelle que soit sa propre position dans le système expérimental.

Au cours du XXe siècle, les labyrinthes vont se complexifier et les chercheurs vont aller d'étonnement en étonnement sur les capacités mémorielles des rats. Sans détailler tous les dispositifs, arrêtons-nous sur celui imaginé en 1982 par Richard G. Morris. Ce neuroscientifique britannique a soutenu sa thèse de doctorat à l'université du Sussex sur « l'acquisition et le maintien du comportement d'évitement » chez le rat. Recruté en 1977 comme enseignant-chercheur à l'université de St Andrews, il va y développer son célèbre labyrinthe aquatique, un dispositif aussi simple qu'ingénieux, désormais connu sous le nom de « piscine de Morris ». C'est en réalité un bac de forme ronde rempli d'une eau rendue trouble par l'ajout de lait. Une petite plateforme est placée dans le dispositif à un ou deux centimètres sous la surface. Ce test utilise l'aversion naturelle des rats pour l'eau afin de les motiver à trouver rapidement leur refuge. Au départ de l'expérience, la plateforme est visible, et le rat placé dans l'eau se dirige rapidement vers celle-ci pour en sortir. Par la suite, lorsque la plateforme est immergée, le rat devra se souvenir de son emplacement pour se mettre au sec. Comme la piscine est ronde, il n'est plus possible pour le rat d'utiliser des mécanismes simples comme tourner à droite ou à gauche pour retrouver, après plusieurs essais, la plateforme. Il n'y a qu'une stratégie possible : se repérer dans l'espace et savoir dans quelle direction nager. Dans la pièce où est disposée la piscine de Morris, des signes distinctifs sont positionnés sur les murs pour aider l'animal à se repérer. Très rapidement, en quelques essais, l'analyse des trajets des rats montre, quel que soit leur point de départ dans la piscine, qu'ils utilisent ces repères pour se guider. Que nous disent ces expériences ? Elles démontrent que le rat construit une représentation spatiale de son environnement, qu'il est capable d'analyser sa position de départ et de calculer le meilleur trajet pour rejoindre le refuge à partir des repères disposés autour de lui.

Ce qui peut nous sembler une faculté banale – choisir le meilleur itinéraire permettant de relier deux points – demande en réalité de multiples compétences. Pour que la carte cognitive du rat soit efficace, sa mémoire spatiale des lieux et des objets doit être indépendante des trajectoires qui conduisent les uns aux autres. Comme les chemins permettant de relier deux points sont très nombreux, il n'est pas efficace de tous les garder en mémoire. En réalité, l'information importante est la position relative de deux points ; une fois celle-ci mémorisée, le trajet les reliant n'est plus qu'une question de choix.

DU FOND DES OCÉANS AU DÉSERT DU SAHARA

La mémoire spatiale sous forme de carte cognitive correspond à des représentations spatiales qui nécessitent un traitement des informations assez complexe. L'animal doit utiliser, indépendamment de sa propre position, les relations entre les points de repère qu'il observe, comme leurs distances et orientations respectives, afin d'en déduire sa propre localisation et choisir son trajet.

L'idée d'une mémoire spatiale n'est pas réservée aux mammifères et peut prendre des formes plus ou moins subtiles. Pour revenir à leur point de départ qui peut être un abri, un nid, ou pour simplement retrouver leur route, de nombreux animaux utilisent des mécanismes beaucoup plus simples. C'est le cas des espèces qui déposent sur leur chemin des marques, chimiques la plupart du temps, pour revenir sur leurs pas à la manière du Petit Poucet. C'est ce que fait un petit gastéropode aquatique, le Nérite, ou *Theodoxus*, qui utilise ses dépôts de mucus pour retrouver son chemin. Mais pour d'autres organismes, rien de tel. En 1991, Jennifer A. Mather de l'université de Lethbridge au Canada étudie la navigation des poulpes, cet autre groupe d'animaux particulièrement réputés pour leurs capacités cognitives.

Le Poulpe est un prédateur redoutable du fond des océans. Il se nourrit presque exclusivement de crustacés et de mollusques. Hors de la période de reproduction, c'est aussi un animal solitaire et territorial. Chaque poulpe défend ainsi contre les intrus son territoire, correspondant à sa zone de chasse, ainsi que son gîte, utilisé pour se cacher et se reproduire. L'intérêt du Poulpe pour les abris en tout genre est son talon d'Achille. En effet, depuis l'Antiquité, les pêcheurs disposent au fond des océans des gîtes artificiels pour attirer le céphalopode et le capturer plus aisément. Dans leur habitat naturel, on trouve généralement un poulpe tous les 30 ou 40 mètres, ce qui rend les combats entre individus rares, mais pas impossibles. Quotidiennement, le Poulpe quitte son logis pour ses déplacements et il y retourne se mettre à l'abri. Il est donc important qu'il puisse le retrouver à coup sûr. Puisque le Poulpe ne se déplace pas exclusivement au fond des océans, il lui est impossible de déposer des marques chimiques qu'il pourrait réutiliser pour effectuer un trajet retour. L'objectif des travaux de Jennifer Mather était de comprendre si les poulpes utilisaient un guidage simple à partir d'un repère unique pour se diriger, un peu comme un bateau perdu dans la nuit qui utilise un phare pour se repérer, ou s'ils étaient capables de se servir de plusieurs points de repère. Les résultats de cette étude montrent que la stratégie de navigation des poulpes est plus qu'une simple orientation basée sur un point de repère particulier. Elle jongle avec plusieurs indices, un peu comme le font les rats de Tolman. Par exemple, lorsque l'on déplace volontairement un poulpe et que l'on supprime un repère, il rentre malgré tout facilement chez lui en suivant d'autres caractéristiques du paysage, comme des amas rocheux ou des pentes abruptes. Sa carte cognitive enregistre donc de nombreuses informations, lesquelles doivent aussi le renseigner sur la position de ses congénères ou des meilleurs sites de chasse.

LE PODOMÈTRE DE LA FOURMI

D'autres espèces utilisent des tactiques moins compliquées pour se repérer dans l'espace. Les stratégies dites « égocentrées » mémorisent des informations spatiales en fonction de l'individu indépendamment du site. Elles sont plus simples, moins souples, mais peuvent être réactualisées si besoin. Les fourmis du désert, du genre *Cataglyphis*, vivent dans un habitat extrême. Avec des températures supérieures à 50 °C, toutes les traces chimiques déposées sur le sol s'évaporent en quelques secondes. Elles ne peuvent donc pas, comme leurs congénères dans nos régions tempérées, compter sur un guidage olfactif pour retrouver leur nid. Pour se repérer dans une mer de sable sans points de repère, elles doivent donc miser sur d'autres stratégies. Rüdiger Wehner de l'institut de zoologie de l'université de Zürich est un éminent spécialiste des fourmis. En étudiant les déplacements de ces dernières, il s'est aperçu que les trajectoires présentaient des profils différents en fonction du but recherché. Ainsi, lorsque la fourmi recherche de la nourriture, elle se déplace aléatoirement en zigzag pour couvrir le maximum de surface afin d'augmenter ses chances. En revanche, lorsqu'elle décide de rentrer à la fourmilière, son trajet est rectiligne, ce qui lui permet d'économiser de l'énergie. L'insecte manie alors plusieurs informations pour déterminer, lors de son trajet retour, la direction à suivre et la distance à parcourir. L'estimation de la direction prend en compte la lumière du Soleil, même sous les nuages. La fourmi enregistre ainsi ses axes de déplacement par rapport à l'astre solaire. Naturellement, comme le Soleil se déplace au cours de la journée, elle doit aussi intégrer le propre déplacement de l'étoile dans ses calculs. Si l'analyse de leurs comportements a montré que les fourmis ne sont pas informées précisément de leur position spatiale (elles n'ont pas de carte cognitive), leur système d'orientation, similaire à une boussole, leur permet de se diriger avec une incroyable précision. L'estimation de la distance à parcourir est quant à elle générée par un podomètre qui permet à la fourmi de compter le nombre de pas effectués ! La preuve de cette formidable capacité a été apportée par trois chercheurs, Matthias Wittlinger et Harald Wolf de l'université d'Ulm, et Rüdiger Wehner. Au début de leur expérience, des fourmis sont entraînées à chercher leur nourriture à une distance de dix mètres du nid. Les chercheurs modifient ensuite la longueur de la foulée de certains individus en manipulant la taille de leurs pattes. Dans un premier groupe, les pattes des fourmis sont allongées à l'aide de soie de porc, comme pour simuler des échasses. Dans un second lot, elles sont raccourcies en sectionnant les pattes au niveau des extrémités. Ce procédé était considéré, lors de la publication des travaux en 2006, comme non douloureux pour les fourmis en l'absence de consensus sur la perception de la douleur chez les insectes. Depuis, les journaux scientifiques sont de plus en plus soucieux de la souffrance animale et ils se sont dotés d'une charte éthique pour le respect des animaux. Il est donc probable que des pratiques acceptées en 2006 lors de la publication des travaux ne le seraient plus aujourd'hui, ce qui est une évolution heureuse. Dans un troisième, le groupe témoin, les individus ne sont pas manipulés, pour servir de base de comparaison. Les fourmis du premier groupe rentrant au nid avec des échasses ont parcouru une distance de 15,30 mètres ; les fourmis avec les pattes raccourcies une distance de 5,75 mètres ; enfin, les fourmis *normales*, 10,20 mètres. En changeant la longueur des foulées, les chercheurs ont pu berner les fourmis, les forçant à surestimer ou à sous-estimer la distance à parcourir pour retrouver la fourmilière. Ils ont aussi démontré que ces insectes doivent posséder un calculateur pour enregistrer le nombre de pas qu'ils font lors de leurs nombreux déplacements. La chose la plus extraordinaire est que les fourmis réalisent ces performances avec un cerveau de 0,1 milligramme, soit un cerveau 14 millions de fois plus petit que celui de l'Homme.

LES GOBIES SAUTEURS

Chez n'importe quelle espèce animale dont les déplacements sont fréquents pour retourner au nid après la recherche de nourriture, la présence d'une mémoire spatiale est attendue. Pour d'autres espèces, dont l'écologie les contraint à vivre dans des écosystèmes à première vue imprévisibles, elle semble cependant superflue. Chez une petite espèce de Gobie des Antilles (*Bathygobius soporator*), la survie de ces petits poissons dépend de leur capacité à exploiter les petits trous d'eau dans les rochers à marée basse où ils se retrouvent temporairement prisonniers. Leur problème ne se résume pas à trouver un point d'eau à marée basse, ils doivent aussi prêter attention aux prédateurs aviaires qui attendent cette occasion pour les capturer plus facilement. Une stratégie d'évitement des oiseaux consiste alors pour les gobies à sauter d'un trou à l'autre. Mais comment faire pour ne pas finir écrasés sur les rochers ou mourir asphyxiés hors de l'eau sachant que, depuis leur trou, les gobies ne peuvent pas voir où se situent les autres points d'eau les plus proches ? Lester Aronson, du Muséum d'histoire naturelle de New York, a apporté la solution en 1971 grâce à des bassins artificiels où il pouvait simuler le rythme des marées. Il a mis en évidence que les poissons ont la capacité de mémoriser, à marée haute, le relief du paysage, et donc les dépressions dans les rochers où l'eau stagnera à marée basse. Ils anticipent la marée pour se créer mentalement une image spatiale de la disposition des points d'eau. Ainsi, une fois à marée basse, ils peuvent si besoin changer de position. L'étude d'Aronson a montré qu'il suffit d'une seule marée haute aux poissons pour mémoriser leur position dans l'espace.

L'INCROYABLE MÉMOIRE DES SAUMONS

De tous les spectacles que la nature nous offre à voir, la migration des saumons est un des plus spectaculaires. Après parfois sept années en mer, les adultes remontent en masse les rivières qui les ont vus naître pour s'y reproduire à leur tour. Comment peuvent-ils se souvenir précisément de leur site de naissance est une question qui interroge les scientifiques depuis toujours. Pour réaliser cet exploit, les saumons utiliseraient en fait les signaux distinctifs de leur rivière de naissance. Dans une étude publiée en 2011, Hiroshi Ueda de l'université d'Hokkaido au Japon a prouvé que les saumons se repèrent à la signature olfactive de leur rivière de naissance. Plus exactement aux acides aminés libres présents dans l'eau qui signent l'odeur de leur rivière natale. Autre découverte faite en 2013, le champ magnétique permettrait aussi aux saumons de se guider et d'orienter leur choix lorsqu'il s'agit de retrouver leur route. Ils seraient ainsi capables de mémoriser sur plusieurs années les caractéristiques de la signature magnétique de leur lieu d'éclosion pour, plus tard, être guidés en recherchant le chemin le plus proche de cette signature. Épatant !

LA MÉMOIRE ÉPISODIQUE DES GEAIS

La mémoire n'est pas un concept simple. Ce que l'on nomme « souvenir » chez l'Homme associe à un événement pas moins de trois composantes : le « où », le « quoi » et le « quand ». Si la mémoire spatiale évoquée ci-dessus se réfère au « où », ce que l'on nomme la mémoire épisodique se caractérise par le souvenir conscient d'une expérience antérieure : de l'événement lui-même – le « quoi » –, mais aussi le « où » et le « quand » cet événement s'est produit. Elle traduit la faculté des animaux à situer leurs expériences dans le temps. Pour le psychologue expérimentaliste et neuroscientifique Endel Tulving, cette forme de mémoire se caractérise par le stockage d'informations sur des expériences personnelles datées temporellement et spatialement. Né en Estonie en 1927, Tulving a immigré une première fois en Allemagne en 1944 devant l'avancée des armées russes, puis au Canada en 1949 pour y terminer sa formation universitaire. La séparation à l'adolescence avec la plupart des membres de sa famille pendant plus de vingt ans a certainement influencé ses travaux sur la mémoire dont il est devenu l'un des plus grands théoriciens. En 1972, il est le premier à faire la distinction entre la mémoire « sémantique » et la mémoire « épisodique ». Alors que la première est la base de notre connaissance, notre encyclopédie personnelle où l'on range le sens des mots, les règles de vie, indépendamment du contexte spatiotemporel, la seconde est une mémoire qui fait référence à notre perception d'un événement passé. Par exemple, s'il est pratique de se souvenir de l'emplacement de la boulangerie pour acheter du pain, il est aussi utile de se souvenir de la date de son dernier achat. La mémoire épisodique peut donc être vue comme la capacité de voyager mentalement dans son passé.

À la fin des années 1990, Thomas Suddendorf de l'université du Queensland en Australie et Michael C. Corballis de l'université d'Auckland en Nouvelle-Zélande questionnent, dans un article célèbre publié en 1997, le fait que la mémoire épisodique serait uniquement présente chez l'Homme. Cette assertion était totalement gratuite en l'absence d'études démontrant que les animaux en seraient dépourvus. La mémoire spatiale semblait une capacité suffisante pour que les animaux retrouvent les ressources qu'ils avaient cachées. Pourquoi s'encombrer de souvenirs du passé ? Ainsi, en l'absence d'un avantage adaptatif clair, les chercheurs ne pouvaient pas imaginer l'existence d'une mémoire épisodique chez un être vivant autre que l'Homme.

Comme pour de nombreuses découvertes, c'est l'accumulation d'observations et le changement de regard sur des actes jusqu'ici considérés comme anodins qui vont conduire des scientifiques à imaginer l'impossible. Nicola Clayton est professeure de cognition comparative dans le département de psychologie de l'université de Cambridge. Au début des années 1990, elle effectue déjà des recherches sur la mémoire des geais, plus particulièrement du Geai des chênes que l'on trouve communément dans nos contrées. Si vous avez l'occasion d'observer un geai, vous le verrez partir avec une noix ou un fruit dans le bec pour aller le cacher dans des endroits plus ou moins improbables ou simplement l'enterrer. En 1995, Nicola Clayton entame des travaux sur le Geai à gorge blanche (*Aphelocoma coerulescens*). De ses nombreuses observations d'oiseaux cachant des graines ou d'autres ressources, elle acquiert la conviction que mémoriser le contexte spatiotemporel d'un événement n'est pas une faculté exclusivement humaine, et que maintes espèces animales devraient être capables de telles performances.

Pour démontrer ce qui n'était qu'une intuition, Clayton et son collègue Anthony Dickinson vont imaginer des séries d'expériences, en s'appuyant sur leur connaissance fine du comportement des oiseaux. L'astuce est d'offrir aux geais le choix entre deux aliments qui diffèrent par leur appétence et leur vitesse de dégradation. Des cacahouètes, peu goûteuses mais avec une longue conservation, et des larves, nettement plus appréciées mais avec une durée de conservation courte. Le geai a la possibilité de cacher ces aliments dans des bacs remplis de sable autour desquels sont disposés des Lego qui lui serviront de points de repère. Lorsque nos deux chercheurs permettent au même oiseau de récupérer ses réserves pour se nourrir, ils observent que celui-ci préfère choisir en premier les larves si, et seulement si, ces dernières ont été cachées depuis moins de cinq jours. Passé ce délai, elles deviennent en effet impropres à la consommation. Après cinq jours, l'oiseau délaisse donc les larves pour ne retenir que les cacahouètes. Les geais non seulement sont capables de se souvenir de l'emplacement des denrées qu'ils ont cachées, mais ils sont aussi à même de retrouver la nourriture en fonction du temps écoulé depuis qu'ils l'ont dissimulée. Cela signifie qu'ils ont la faculté de lier différentes informations à un même événement, ce qui est le propre de notre mémoire épisodique.

DES GRANDS SINGES AUX SEICHES...

Les performances des geais ont stimulé les recherches sur d'autres organismes. Pour démontrer l'existence d'une mémoire épisodique chez trois espèces de grands singes, le Chimpanzé, le Bonobo et l'Orang-outan, l'équipe du Dr Gema Martin-Ordas, psychologue spécialiste de l'évolution des processus cognitifs, utilise deux types de nourriture. Une qui a la faveur des primates mais qui est hautement périssable, en l'occurrence des glaçons de jus de fruit, et une autre pitance moins goûtée mais à longue durée de conservation : du raisin. L'expérience se déroule en deux étapes. Le singe entre dans une cage test avec, en face de lui, trois récipients opaques contenant soit des glaçons de jus de fruit, soit du raisin, soit aucune nourriture. Par la suite le même singe est autorisé à revenir dans la cage, une heure après la première visite ou cinq minutes après. Lors des essais après cinq minutes, les deux aliments, le jus congelé et le raisin, sont encore disponibles, alors que dans les essais où une heure s'est écoulée, le jus congelé a bien évidemment fondu et seule la nourriture moins appréciée, le raisin, est disponible.

Si les résultats montrent globalement que dans les tests, après cinq minutes, les singes préfèrent les glaçons alors que dans les tests d'une heure ils se résignent au raisin, il apparaît une forte variabilité entre individus. Ainsi, quatre sur douze sont particulièrement rapides, d'autres moins. L'origine de cette variabilité est mystérieuse. L'âge pourrait expliquer une partie de ces résultats. Ainsi les jeunes (moins de 6 ans) et les âgés (plus de 18 ans) ont des performances moindres que les adultes dans la pleine force de l'âge. Une autre explication serait liée aux personnalités différentes des uns et des autres. Certains singes seraient plus conservateurs dans leur choix, plus rationnels, d'autres au contraire plus dubitatifs et curieux, vérifiant, même après une heure, si quelques glaçons ne seraient pas encore disponibles. De quoi stimuler encore bien des recherches dans ce domaine !

Les découvertes récentes sur la mémoire épisodique chez les animaux s'achèvent par les travaux publiés en 2013 par Christelle Jozet-Alves et Marion Bertin de l'université Caen-Normandie, et Nicola Clayton qui avait travaillé sur la mémoire épisodique chez le Geai à gorge blanche. Le laboratoire d'éthologie animale et humaine de l'université Caen-Normandie est une référence mondiale pour l'étude des céphalopodes et plus particulièrement de la Seiche commune. Des tests effectués pour déterminer les préférences alimentaires des *Sepia officinalis*, de leur nom savant, montrent qu'elles préfèrent nettement les crevettes au crabe. Preuve que ces invertébrés possèdent bien une mémoire épisodique, les fameux « où », « quoi » et « quand ».

Dans un premier temps on apprend aux seiches le « où ». Des individus sont entraînés à se rapprocher à moins de dix centimètres d'un repère visuel (un carré noir et blanc en PVC) pour pouvoir se procurer de la nourriture. Une fois cette technique apprise, on place les céphalopodes dans un aquarium avec deux repères visuels disposés de chaque côté pour qu'ils apprennent le « quoi ». L'objectif est d'associer à chaque repère visuel le type de proie proposé, d'un côté du crabe, de l'autre côté de la crevette. Enfin, on leur apprend le « quand », autrement dit à associer la disponibilité des proies à un temps plus ou moins long. Lorsque la seiche a mangé une proie, crabe ou crevette, elle doit attendre trois heures avant de voir une nouvelle crevette disponible, alors que le crabe, moins préféré, est disponible toutes les heures. Les tests effectués sont éloquents. Lorsque l'on place des seiches dans des aquariums tests une heure après un repas, elles se dirigent spontanément face au repère visuel distribuant du crabe. Lors de tests après trois heures, elles se dirigent vers le repère visuel distribuant des crevettes. Il aura fallu dix essais pour voir ces céphalopodes réussir cette performance que nombre de vertébrés supérieurs sont, semble-t-il, incapables d'accomplir. La découverte de cette mémoire épisodique a bouleversé encore une fois ce que nous pensions savoir sur l'intelligence animale. Cette performance est indispensable à la survie des seiches. En effet, mettez-vous à leur place : au fond des océans, s'il est extrêmement avantageux de se souvenir des zones déjà prospectées, il est aussi très utile d'associer à ces zones le type de proie que l'on a rencontré et son taux de renouvellement. Ainsi, inutile de retourner toutes les cinq minutes sous les rochers où se trouvent les crevettes après les avoir déjà visités, puisqu'elles ne reviendront s'y cacher que dans quelques heures.

LA MÉMOIRE SOCIALE : SE SOUVENIR DES AUTRES

Chez les bernard-l'hermite, la guerre fait rage, motivée notamment par l'intérêt réciproque que représentent les coquilles exploitées par les voisins. Incapables comme les autres crabes de se constituer leur propre carapace, ces opportunistes exploitent en effet, pour se protéger, les coquilles vides qu'ils trouvent au fond de l'océan. Au fur et à mesure de leur croissance ils doivent changer de coquille pour trouver chaussure à leur pied. Afin d'éviter des rencontres malheureuses et des conflits inutiles, les bernard-l'hermite ont semble-t-il développé la faculté de se reconnaître. Il est en effet préférable, lorsque l'on souhaite s'engager dans une querelle, de connaître ses chances de l'emporter, afin de faire marche arrière face à un voisin plus fort. La clé de l'organisation sociale des bernard-l'hermite est donc la capacité des individus à se reconnaître mutuellement. Cette reconnaissance sociale permet de limiter les relations antagonistes comme elle favorise les liens au sein des couples ou la coopération entre individus à intérêts mutuels.

Les légendes ont toujours du succès, même si elles ne reposent que sur des intuitions ou des visions anthropomorphiques des animaux. L'une d'elles veut que les espèces qui vivent assez longtemps puissent se souvenir de leurs congénères toute leur vie. Ce que l'on nomme la mémoire sociale à long terme. Cette capacité prêtée aux animaux à se souvenir de leurs congères sur plusieurs années se heurte à deux difficultés majeures pour les chercheurs. Premièrement, la reconnaissance individuelle peut se faire sur plusieurs types de signaux, comme la voix ou les sons, les odeurs ou autres signes olfactifs, et enfin l'image. Il est donc important en fonction des espèces étudiées de définir le signal le plus probant. Deuxièmement, à cette difficulté d'ordre biologique vient s'ajouter une difficulté technique. Si l'on souhaite soumettre à des individus des signaux de congénères qu'ils ont connus dans le passé, encore faut-il pouvoir posséder et conserver de tels signaux dans nos laboratoires. Comment archiver une odeur pendant vingt ans ?

De tous les animaux dont la mémoire nous fascine, l'Éléphant est sans nul doute le roi. Qui n'a jamais entendu l'histoire d'un éléphant qui se serait vengé de son premier cornac vingt ans plus tard, lors d'une rencontre fortuite ? Ce qui nous attire dans ces histoires, c'est non seulement la mémoire mais aussi l'intention intacte après des années et la notion de vengeance. Le centre d'Amboseli pour les éléphants est situé au cœur du parc national d'Amboseli au Kenya. Il se consacre à la protection et à l'étude des plus grands mammifères terrestres face aux pressions humaines. C'est aussi un centre de recherche remarquable nourri de quarante années d'expérience. C'est ici que Karen McComb, professeure de comportement animal à l'université du Sussex en Angleterre, et ses collaboratrices ont étudié entre 2000 et 2003 la mémoire sociale à long terme des éléphants. Elles ont pu démontrer dans un premier temps que les éléphants avaient la possibilité de reconnaître les appels d'environ cent autres congénères de différentes familles et clans, alors que les signatures acoustiques de chaque individu ne se différenciaient que par d'infimes nuances. Naturellement, les matriarches les plus âgées sont plus à même de distinguer un grand nombre d'individus. Possédant une banque d'enregistrements vocaux des individus d'un même groupe sur plusieurs dizaines d'années, les chercheuses ont aussi testé l'efficacité de la mémoire à long terme des pachydermes. En faisant écouter aux membres d'un groupe les sons émis par une de leurs compagnes, décédée depuis douze ans, elles ont mis en évidence des réactions familiales typiques : une excitation anormale et des réponses vocales. Plus de douze ans après la disparition de la femelle, ils se souvenaient encore d'elle. S'il n'est pas si surprenant que l'animal terrestre doté du plus gros cerveau – entre 4 et 6 kilogrammes pour 10 milliards de neurones (3 à 4 fois plus imposant que celui d'un humain) – ait des capacités de reconnaissance sociale étonnantes, est-il le seul à jouir de cette faculté ?

Chez les dauphins, autres mammifères ayant développé des structures sociales complexes, la reconnaissance d'un individu dans le temps excède vingt ans. Un record mondial découvert par Jason N. Bruck de l'université de Chicago, spécialiste de la cognition et de la socialité chez les animaux. Son étude en 2013 a porté sur 43 grands dauphins âgés de 4 mois à 47 ans hébergés dans six parcs aquatiques différents. Au cours des années, ces zoos se sont échangé des individus tout en gardant la trace des mouvements. Au cours de son expérience, Jason N. Bruck a fait écouter aux dauphins, grâce à des enceintes, des enregistrements de leurs congénères. Il a mis en évidence que les dauphins réagissaient davantage aux sons des individus familiers avec lesquels ils avaient été en contact qu'aux sons de congénères inconnus. Ils étaient capables de se souvenir des sifflements de ceux qu'ils avaient côtoyés plus de quinze ans auparavant. Mieux, la reconnaissance n'était pas affectée par la durée de la période d'association. Indépendamment du temps qu'ils ont passé ensemble, des dauphins, lorsqu'ils entendent un individu connu, s'approchent des enceintes, tournent autour, émettent des sifflements. Le record est détenu par Bailey, un dauphin de 25 ans dont l'histoire ferait un excellent scénario de film. Au cours de ses premières années, Bailey a vécu au Dolphin Connection dans les Florida Keys avec un autre dauphin nommé Allie. Lorsque Bailey avait 4 ans et Allie 2 ans, ils furent séparés. Bailey se retrouva au Dolphin Quest Bermuda en 1996, et Allie résidait, au moment de l'étude en 2012, au zoo de Brookfield, à Chicago. En lui faisant écouter les émissions sonores de son ancien partenaire de bassin et de jeux, Bailey fut capable de reconnaître la voix de son ami d'enfance, après plus de vingt ans et six mois de séparation. Cette incroyable persistance de la mémoire sociale est possible chez les dauphins car la reconnaissance entre individus se base sur leurs sifflements (voir chapitre 3), une signature vocale extrêmement stable dans le temps.

CHAPITRE 2

LES ANIMAUX SONT DES BAVARDS

Il existe chez les scientifiques une vieille querelle entre les partisans du langage comme spécificité humaine et ceux de l'existence d'une ou plusieurs formes de langage chez les espèces animales (on pourrait aussi inclure les végétaux). De prime abord, il est normal de considérer que la notion de langage se réfère à l'Homme, et uniquement à lui, puisque ce terme, dérivé de « langue », a été inventé par et pour l'Homme. Bien sûr le langage humain est extrêmement complexe, mais pensez-vous que les signaux acoustiques des dauphins soient simples ? Depuis le temps que l'on essaye de les comprendre, nos échecs, ou tout du moins nos faibles progrès, devraient nous conduire à plus d'humilité. Si nous devons attribuer la notion de langage à une espèce en fonction de la complexité structurelle des échanges entre les individus, de l'existence d'une syntaxe et de l'utilisation de signes symboliques pour exprimer une idée, alors, oui, le langage est certainement une spécificité humaine et seules quelques autres espèces seront, dans un futur plus ou moins proche, autorisées à partager cette distinction. Mais si nous nous concentrons sur la fonction du langage, c'est-à-dire le fait de communiquer entre individus, alors elle englobe de nombreuses espèces non humaines. On parlera alors de « communication » plus que de « langage », en considérant que dans leur fonction écologique ces termes sont synonymes. Autrement dit, si l'on accepte que le rôle du langage soit de communiquer au moyen de signes, indépendamment de la nature de ces derniers, les signaux chimiques, visuels, acoustiques, tactiles utilisés entre individus pour véhiculer des informations peuvent être considérés comme des formes de langage. Après tout, nous parlons bien de langue des signes, et il ne viendrait à l'esprit de personne de remettre en cause aujourd'hui la légitimité de ce langage.

LES ABEILLES DE KARL VON FRISCH

Impossible dès lors de faire l'impasse sur l'incroyable découverte de la danse des abeilles par Karl von Frisch dans les années 1950. C'est un classique de la littérature scientifique chez les éthologues et cela lui valut, en 1973, le prix Nobel de physiologie qu'il partagea avec ses deux illustres confrères, Konrad Lorenz et

Nikolaas Tinbergen pour « leurs découvertes concernant l'organisation et l'incitation des comportements individuels et sociaux ». C'est un domaine de recherche actuel car la communication chez les abeilles n'a pas encore révélé tous ses secrets. Karl von Frisch aimait visiblement rompre avec les croyances et dogmes de son époque. Au début du XXe siècle, il travaillait principalement sur la perception des couleurs chez les animaux avec deux modèles biologiques favoris : un poisson commun de nos rivières, le Vairon (*Phoxinus phoxinus*), qu'il étudiait dans son laboratoire à l'Institut de zoologie de l'université de Munich, et les abeilles qu'il observait durant l'été dans la maison familiale de Brunnwinkl au bord du lac Wolfgangsee, en Autriche.

Avant les travaux de Karl von Frisch, les zoologues s'accordaient à penser que les abeilles, comme les autres insectes, ne voyaient pas les couleurs. Mais pour l'éthologue autrichien, imprégné par les idées de Darwin et l'évolution des plantes à fleurs et des insectes, cela n'allait pas de soi. Avec l'arrivée des angiospermes (l'autre nom des plantes à fleurs), il y a plus de cent cinquante millions d'années, est apparue une incroyable diversité de formes et de couleurs dont la fonction principale semble bien être d'attirer les insectes pour faciliter la pollinisation. Pourquoi alors les insectes seraient-ils insensibles à tant de beauté et de couleurs ?

Karl von Frisch pensait au contraire que la couleur des fleurs devait servir à attirer les pollinisateurs. C'est au cours de ses recherches sur la reconnaissance des couleurs par les abeilles qu'il remarqua un phénomène étrange. L'histoire des découvertes en science regorge de ce type d'anecdotes, où un chercheur découvre quelque chose qu'il ne cherchait pas, la fameuse sérendipité. Alors qu'il observait les déplacements des abeilles autour de plateaux de couleurs différentes sur lesquels il disposait de la nourriture, Karl von Frisch nota que si l'apparition de la première abeille sur un plateau était généralement fortuite, après son départ, un plus grand nombre arrivaient en quelques minutes. Dans son autobiographie, l'éthologue relate plusieurs observations captivantes qui nous renseignent sur son cheminement intellectuel. Nous sommes au printemps 1919, Karl von Frisch est assis devant une petite ruche du jardin de l'Institut de zoologie de Munich. Il attire quelques abeilles hors de la ruche jusqu'à une coupelle d'eau sucrée puis les marque d'un petit point rouge. Il vide ensuite la coupelle. Lorsque le calme revient dans la ruche, il remplit de nouveau la coupelle d'eau sucrée. C'est alors qu'il remarque le curieux comportement d'une abeille, qui retourne à la ruche après avoir bu à la coupelle, et voici ce qu'il note dans ses mémoires : « Je n'en crus pas mes yeux ! L'abeille se mit à danser en rond entourée des abeilles marquées qui témoignèrent d'une grande excitation et provoqua leur envol vers la coupelle pleine. Cette observation fut la plus féconde de ma vie. »

Des années plus tard, en 1944, dans le refuge de Brunnwinkl, Karl von Frisch travaille sur la capacité des abeilles à associer une odeur à une source de nourriture en ajoutant des parfums à leur alimentation. Il écrit : « Je plaçai pour la première fois une coupelle d'eau sucrée à la lavande assez loin de la ruche, au lieu de la déposer à côté. Pour étudier la direction dans laquelle cherchaient les abeilles, je fis placer deux coupelles témoins parfumées à la lavande, l'une près de la ruche, l'autre près de la première coupelle. D'après mes hypothèses, les abeilles qui avaient été informées par la danse devaient d'abord chercher à proximité, puis dans un rayon de plus en plus grand. À ma grande surprise, ce ne fut pas le cas. La coupelle placée près de la ruche ne les intéressait guère, mais la coupelle éloignée fut bientôt entourée d'un essaim d'abeilles. Y avait-il donc dans leur langage un mot pour signifier l'éloignement ? »

Pour observer le comportement des abeilles, l'éthologue disposait de ruches particulières dotées de vitres transparentes. Grâce à cet ensemble de minutieuses et patientes observations de la vie et des mœurs des abeilles, titre de son plus célèbre ouvrage, Karl von Frisch put rendre compte de la fonction et de la complexité du système de communication chez ces insectes sociaux.

La danse comme outil de communication

Après la découverte d'une source de nourriture par une « éclaireuse », nom donné aux abeilles qui volent à la recherche de nouveaux sites à exploiter, celle-ci s'en retourne à la ruche pour informer de sa trouvaille les autres, les « butineuses ». Pour cela notre éclaireuse exécute deux types de mouvement qui ressemblent fort à des danses. Si la nourriture est située à moins de 25 mètres de la ruche, l'abeille décrit un premier cercle, revient à son point de départ, fait un demi-tour et reprend le mouvement en sens inverse, ce que l'on nomme la « danse en rond ». Cependant, dans la nature, les abeilles exécutent leurs danses dans l'obscurité. En réalité, au sein de la ruche, les ouvrières sont d'abord attirées par l'abeille qui revient de son périple parce que cette dernière régurgite un peu du nectar qu'elle vient de trouver. Guidées par l'odeur, les butineuses se rapprochent de la danseuse et peuvent alors percevoir ses mouvements grâce à leurs antennes et à leur sens aigu de l'observation. Elles reproduiront la danse avant de quitter la ruche. Pour une nourriture proche de la ruche, nul besoin d'être trop explicite et de donner de nombreux détails.

Cependant, l'opération se corse lorsque la nourriture est nettement plus éloignée.

Dans cette seconde situation, les abeilles exécutent des mouvements beaucoup plus compliqués nommés la « danse frétillante ». Ce qu'il faut garder à l'esprit, ce sont les deux types d'informations essentielles que les abeilles doivent échanger pour retrouver la précieuse source de nectar, à savoir la direction de la source de nourriture et la distance de la ruche à laquelle elle se trouve. Posée sur un rayon, l'abeille va effectuer deux demi-cercles symétriques de part et d'autre d'un premier trajet en ligne droite à partir de son point de départ. Puis elle recommence pendant plusieurs minutes tout en faisant frétiller son abdomen sur la partie rectiligne de la danse. Les butineuses suivent alors la danseuse et la touchent avec les extrémités de leurs antennes. Mais comment la direction et la distance de la source de nourriture sont-elles codées à travers cette danse ?

La direction est donnée par l'orientation du trajet rectiligne de la danse en fonction de la position du Soleil. Lorsque la danse est effectuée sur la planche d'envol de la ruche, la direction est aisée à identifier, l'insecte suit une ligne droite dans la direction précise de la source de nourriture, en prenant comme point de repère la position du Soleil. Cependant, notre abeille effectue souvent cette danse dans l'obscurité de la ruche sur les rayons verticaux.

Elle danse ainsi de bas en haut, dans le noir. Dans cette position, impossible de donner la direction réelle de la nourriture comme sur la planche d'envol. Les abeilles vont alors utiliser la direction verticale, de bas en haut, comme la représentation de la direction du Soleil. Les butineuses devront calculer l'angle que fait le trajet rectiligne effectué par la danseuse par rapport à cette position verticale de référence pour définir l'orientation de la source de nourriture. Une fois hors de la ruche, elles transposeront cet angle par rapport à la position du Soleil pour définir la direction à suivre. Par exemple, si le champ de fleurs est situé à 30 degrés à gauche de l'axe du Soleil, la danseuse effectuera son trajet rectiligne lors de sa danse avec un angle de 30 degrés par rapport à la position verticale de référence.

Ce système diablement ingénieux pourrait être perturbé, me direz-vous, par le mouvement perpétuel du Soleil durant la journée. Entre 14 heures et 15 heures, l'astre solaire s'étant déplacé, l'angle défini lors de la danse initiale n'indique plus la bonne direction. En fait, ce n'est pas un problème pour les abeilles qui gardent en mémoire les mouvements du Soleil au cours de la journée afin de pouvoir à chaque instant rectifier de leur propre chef la direction à suivre. Elles possèdent par ailleurs une horloge biologique qui leur permet de mesurer le temps écoulé et, à partir de leur connaissance de la course du Soleil, là aussi, de modifier la direction à prendre. Si la direction de référence du Soleil a été modifiée de 20 degrés au cours de la journée, ces insectes modifient à leur tour de 20 degrés l'angle défini lors de la danse pour retrouver la source de nourriture. L'efficacité de cette technique est telle qu'une abeille qui découvre en fin de journée un champ de coquelicots avec le Soleil couchant orienté à l'ouest pourra le retrouver sans difficulté aucune le lendemain matin alors que le Soleil vient de se lever à l'est !

La seconde information essentielle – la distance qui sépare la ruche de la source de nourriture – est donnée par un ensemble d'informations regroupant la largeur des demi-cercles effectués lors des danses, le rythme des frétillements et la vitesse à laquelle l'abeille tourne. La relation entre ces mouvements et la distance n'est pas encore parfaitement connue. Il semble qu'elle soit néanmoins inversement proportionnelle, tout du moins en ce qui concerne la vitesse à laquelle l'abeille effectue les demi-cercles. Ainsi, pour une source de nourriture très éloignée, mettons de plusieurs kilomètres, la danse est très lente ; lorsque la distance est plus courte, la danse s'accélère, ce qui donne 25 tours minutes pour une distance de 500 mètres, 40 tours minutes pour 100 mètres.

Si Karl von Frisch a décrit en premier les danses en rond et frétillantes, il a aussi pu montrer que la transition entre les deux danses était assez complexe. Ainsi, jusqu'à une distance comprise entre 15 et 25 mètres, les abeilles optent pour la danse en rond ; au-delà la danse se transforme, se complexifie, devient une danse en faucille, et à partir de 100 mètres, une danse frétillante. Plus cette dernière est lente, plus la source de nourriture est éloignée de la ruche. Ainsi, Karl von Frisch a pu estimer, sur la base de la danse, des distances jusqu'à un maximum de 12 kilomètres. Si l'intérêt des butineuses est d'exploiter les sources de nourriture proches de la ruche, en période de disette, comme à la fin de l'été lorsque les fleurs deviennent rares, elles peuvent parcourir jusqu'à dix kilomètres dans des situations extrêmes. Leur système de renseignement doit donc rester efficace sur des distances aussi longues.

Des robots et des radars comme preuve ultime

La danse n'est pas le seul moyen de véhiculer des informations. Les abeilles ont aussi un odorat particulièrement bien développé. Ainsi, lorsqu'une éclaireuse revient à la ruche après un voyage exploratoire, elle est généralement recouverte de grains de pollen. L'éclaireuse indique ainsi aux butineuses non seulement la position de la nourriture, par sa danse comme on l'a vu, mais aussi le type de pitance qu'elle a découvert, grâce au pollen qu'elle transporte. En outre, il n'est pas rare de voir l'éclaireuse, juste après la danse, repartir vers la source de nourriture, comme pour montrer le chemin à suivre. Une fois sur place, elle peut utiliser un organe particulier, la glande de Nasanov, pour inonder l'atmosphère de phéromones afin d'aider plus efficacement les butineuses à s'orienter. Avec plus de 150 récepteurs olfactifs à l'extrémité de leur paire d'antennes, les abeilles possèdent un odorat exceptionnel dans le règne animal. Pour l'anecdote, cette faculté, associée à une importante capacité d'apprentissage, a poussé de nombreux chercheurs dans les années 2000 à utiliser les abeilles pour détecter des explosifs ou des stupéfiants dans les espaces publics.

Ce sont ces mêmes facultés qui ont conduit dans les années 1960 le chercheur américain Adrian Wenner à imaginer que l'odorat pourrait jouer un rôle bien plus important dans l'orientation des abeilles que la danse popularisée par Karl von Frisch. Une bataille opposa alors Adrian Wenner à Karl von Frisch et ses collaborateurs. Selon lui, la danse des abeilles avait pour seule fonction d'attirer et d'exciter les butineuses, les incitant à remonter la piste olfactive correspondant à la source de nourriture, mais ne constituait en aucun cas un code pour indiquer la distance et la direction. Mais dans les années 1990 et 2000, d'autres apportèrent des arguments en faveur du prix Nobel, affaiblissant l'hypothèse de Wenner. En 1992, des chercheurs des universités d'Odense, au Danemark, et de Wurzbourg, en Allemagne, emmenés par Axel Michelsen, imaginèrent un minirobot danseur pour imiter la danse des abeilles et fournir aux butineuses des informations sur l'emplacement de nourritures potentielles. Grâce à leur danseur robotisé, ils purent dissocier et analyser les différentes parties de la danse. Même si le recrutement des butineuses fut dix fois moins efficace que lors d'une danse réalisée par une véritable abeille, leur robot permit de mettre en évidence que le frétillement de la danse avait une importance primordiale dans le transfert des informations à la fois sur la direction et sur la distance. Plus récemment, un article publié en 2012 par Joe R. Riley et l'équipe de Randolf Menzel de l'université de Berlin en Allemagne décrit le parcours de diverses butineuses équipées d'une miniantenne émettrice placée sur leur thorax. Ce dispositif a permis de les suivre, grâce à un radar longue portée, lors de leurs trajets depuis la ruche jusqu'à une source de nourriture – ici de l'eau sucrée. Les chercheurs ont montré que les abeilles, une fois informées par la danse de l'éclaireuse, se dirigent bien directement vers la source de nourriture. Plus étonnant, lorsque la position de départ des abeilles équipées de leur miniantenne est modifiée, par exemple de 50 mètres en arrière de la ruche, et que l'emplacement de la nourriture ne change pas, les abeilles sont incapables de trouver l'eau sucrée. Elles parcourent la même distance et vont dans la même direction que précédemment, conformément aux indications de l'éclaireuse, mais une fois sur place, elles tournent en rond à la recherche de la nourriture, sans arriver à repérer l'eau sucrée pourtant située à seulement 50 mètres devant elles. Preuve que ce sont bien les informations données lors de la danse de l'éclaireuse qui priment, ce qui contredit la théorie de l'odeur d'Adrian Wenner.

La danse de l'essaim ou la démocratie chez les abeilles

Karl von Frisch s'est éteint en 1982, laissant un héritage immense dépassant largement ses propres découvertes. Parmi ses nombreux élèves, Martin Lindauer va s'illustrer dans les années 1950 en mettant à jour une autre forme de danse jusqu'alors passée inaperçue. Lors de la période des essaimages, au printemps et en été donc, des abeilles quittent par milliers leur ruche pour se regrouper, non loin de là, formant une grappe compacte autour de la reine en attendant de trouver un nouveau domicile où installer la colonie. Pendant ce temps, des centaines d'éclaireuses partent à la recherche de nouveaux sites potentiels. Lorsqu'elles reviennent, elles se posent sur l'essaim et se lancent dans une danse similaire à la frétillante pour indiquer le site qu'elles viennent d'identifier.

En 1951 et 1952, Martin Lindauer entreprend un suivi extrêmement précis de plusieurs essaims pour analyser leur destinée. Pour différencier les abeilles, il les marque, comme Karl von Frisch lui a appris. Chaque éclaireuse a donc un code basé sur des petits points de peinture. Au début, il remarque que les éclaireuses qui reviennent de leur voyage indiquent des sites différents – jusqu'à plus de vingt nids potentiels. Puis au fil du temps, le nombre de propositions diminue pour finir par un seul site. À ce stade, l'essaim est prêt à s'envoler vers sa future demeure pour établir la nouvelle colonie. En suivant les indications des éclaireuses lors de la dernière danse, Martin Lindauer arriva à prédire à trois reprises le site où le groupe allait s'établir. Il avait eu l'intuition du caractère exceptionnel de ce moment dans la vie des essaims.

Après les découvertes de Karl von Frisch et de Martin Lindauer, restait à comprendre un étrange phénomène. Comment les abeilles arrivaient-elles à un consensus pour décider collectivement de s'envoler vers un site unique ? Par quel processus cette majorité était-elle obtenue ? C'est au chercheur américain Thomas Dyer Seeley, professeur de biologie à l'université de Cornell, que l'on doit la découverte, récente, de ce qu'il nommera « la démocratie chez les abeilles ».

Il faut comprendre que ce qui se joue lors du choix du site pour établir le nouveau nid n'est rien d'autre que la survie de la colonie. Le lieu retenu va héberger la reine, les larves, les ouvrières, les réserves de miel pour l'hiver ; il doit être ni trop chaud, ni trop froid, ni trop grand, ni trop petit, bien aéré mais pas trop, etc. Il doit donc être idéalement paramétré. Lors de leurs danses, toutes les éclaireuses s'échangent des informations sur la direction et la distance des cavités, mais aussi sur leur taille, leur degré d'humidité, leur isolation thermique... Dans leurs incessants va-et-vient, elles vont vérifier et revérifier les cavités indiquées, et préciser leurs caractéristiques. Le nombre de lieux d'hébergement potentiels se restreint car les moins intéressants sont éliminés. Au bout d'un laps de temps qui peut aller de quelques heures à quelques jours, les éclaireuses et les plus vieilles butineuses choisissent le site d'installation de la future colonie. C'est pourquoi Thomas D. Seeley compare ce processus de sélection à une démocratie par délégation car c'est à une sous-partie de la colonie qu'il appartient de choisir la destinée de l'ensemble des individus.

Pour arriver à ces résultats, les abeilles utilisent deux mécanismes complémentaires. Lorsqu'une éclaireuse revient à l'essaim après la découverte d'un site candidat, elle entreprend une danse pour en préciser les caractéristiques. L'intensité de sa danse est en fait proportionnelle à la valeur du site : plus elle danse, meilleur est le site. Et plus elle danse, plus il y a d'éclaireuses motivées pour aller vérifier la qualité du site. Lorsque ces dernières reviennent convaincues, elles dansent à leur tour et deviennent de nouveaux promoteurs dudit site. Cependant, il faut faire vite car les danseuses se découragent rapidement et l'intensité de la danse décline avec le temps. Autrement dit, un site, quelle que soit sa qualité, finira par être abandonné au bout d'un certain temps s'il n'est pas vite choisi.

On l'a vu, seule une petite partie des individus, environ 5 %, participe au processus de prise de décision. Comme toutes les éclaireuses n'ont pas la capacité d'explorer chaque site, le choix de celui-ci ne se fait pas par un vote à l'unanimité ni par la décision d'une seule superabeille. Thomas D. Seeley et son collègue Kirk Visscher ont découvert en 2004 que ces insectes utilisent la règle du quorum pour déterminer le site et le moment du choix. Lorsque les éclaireuses visitent les sites sélectionnés, elles mesurent aussi le nombre d'entre elles déjà présentes sur place. Quand leur nombre dépasse la vingtaine, le lieu est retenu. L'utilisation de la règle du quorum permet aux abeilles de se décider assez rapidement tout en évitant de retenir un lieu défavorable à l'établissement du nouveau nid.

En augmentant expérimentalement le nombre de sites potentiels, nos deux chercheurs purent ainsi contraindre les abeilles à mettre plus de temps pour obtenir leur quorum.

La précision et la diversité des informations que les éclaireuses et les butineuses échangent, que ce soit lors de la danse en rond, de la danse frétillante ou de la danse de l'essaim, sont stupéfiantes. C'est en réalité une communication abstraite, symbolique, dont le mode opératoire, quoique très éloigné de notre langage, n'en demeure pas moins d'une incroyable justesse. Dernier élément troublant, Karl von Frisch travaillait sur l'Abeille carniolienne (*Apis mellifera carnica*), originaire du sud de l'Autriche. Mais il existe vingt-huit sous-espèces d'abeilles et chacune d'elles possède des particularités dans ses danses qui les rendent incompréhensibles pour une autre sous-espèce. Par exemple, un même frétillement indique une distance de 45 mètres pour *Apis mellifera carnica*, mais de 20 mètres pour *Apis mellifera ligustica* et de 12 mètres pour *Apis mellifera lamarckii*. Chaque sous-espèce a ses propres dialectes ! Ce qui signifie que chez les abeilles, un même langage initial s'est diversifié, en fonction des sous-espèces ou populations locales, laissant entrevoir un niveau de complexité encore inexploré.

QUAND LES SINGES VOCALISENT POUR COMMUNIQUER

Le Cercopithèque de Campbell (*Cercopithecus campbelli*), ou encore nommé Mone de Campbell, est un singe arboricole qui passe toute sa vie dans les frondaisons des forêts tropicales d'Afrique. Comme pour toutes les espèces cachées dans les feuillages, utiliser les sons est le meilleur vecteur de communication. C'est le cas des oiseaux forestiers. Il suffit de les écouter un matin de printemps dans n'importe quelle forêt pour deviner l'existence d'un monde caché. Il n'est pas anodin que les ornithologues du monde entier s'exercent à reconnaître leurs chants, sinon comment détecter leur présence ? Les sons produits par les animaux peuvent être de simples bruits, des tambourinages pour les pics, des cris ou des vocalises plus complexes pour les mammifères et les oiseaux.

Le Cercopithèque de Campbell est un expert dans ce domaine. Les travaux menés sur cette espèce en Côte d'Ivoire, dans le parc national de Taï, par une équipe locale de Cocody et des chercheurs des universités de Rennes 1 et de St Andrews en Écosse, ont révélé une incroyable complexité vocale. Comme chez de très nombreuses espèces animales, la présence d'un prédateur déclenche des cris d'alarme. C'est une question de survie et l'on retrouve ce type de cris chez la plupart des oiseaux et des mammifères sociaux. Historiquement, chez le Cercopithèque de Campbell, les chercheurs distinguaient deux cris permettant d'identifier les deux principaux prédateurs. La venue d'un léopard est révélée par un « *krak* », celle d'un aigle couronné, par un « *hok* ». Les découvertes les plus récentes montrent que ces singes ont su faire évoluer leurs vocalises en ajoutant des suffixes aux cris de base. Ainsi, avec le suffixe « *oo* », le cri « *krak* » devient « *krak-oo* » pour signaler un danger ou une perturbation d'ordre général, et le cri « *hok* » devient « *hok-oo* » pour avertir d'un péril ou d'une chose curieuse venant des airs.

Pour étudier la diversité des vocalises des primates en milieu naturel, les chercheurs ont suivi au début des années 2000 deux groupes habitués à la présence humaine. Les groupes sont généralement constitués d'un mâle accompagné de 3 à 7 femelles avec leurs jeunes. En simulant la présence d'un prédateur, les chercheurs ont analysé les vocalises des mâles. Les résultats ont montré que ces derniers n'utilisent non pas deux, mais pas moins de six cris distincts : « *boom* », « *krak* », « *hok* », « *hok-oo* », « *krak-oo* » et « *wak-oo* ». Leur contexte d'utilisation ou leur traduction pourraient être les suivants. Outre le « *krak* » signifiant « attention léopard », et le « *hok* », « attention aigle », « *krak-oo* » se traduirait par « attention danger » et « *hok-oo* » par « attention il y a un danger ou un élément perturbateur dans la canopée ».

Deux autres cris ont été identifiés : « *wak-oo* », qui est utilisé dans le même contexte que « *hok-oo* », sauf que cela ne concerne jamais la présence d'autres groupes de singes voisins ; enfin « *boom* », qui est utilisé dans toutes les situations en l'absence de prédateur, comme la chute d'une branche dans la forêt, ou pour déclencher ou interrompre les déplacements du groupe. Mais pour apporter des précisions supplémentaires lors de leurs échanges, les singes combinent ces six cris pour former des sortes de phrases. Par exemple, afin de signaler la chute d'un arbre, le mâle utilisera une série de vocalises du type « *boom boom krak-oo krak-oo* », et pour indiquer l'approche d'un autre groupe d'individus de la même espèce : « *boom boom hok-oo hok-oo krak-oo krak-oo* ». Ainsi, les cercopithèques mâles de cette espèce émettent rarement des cris uniques. La plupart du temps ils vont, à partir des six différents types d'alarmes qu'ils combinent en fonction de leurs besoins, pousser des vocalises similaires à des phrases, formées d'une succession de cris pouvant aller jusqu'à vingt-cinq. Ils communiquent ainsi à leurs congénères des informations vitales, notamment sur la présence d'un danger ou d'un groupe voisin. Une autre curiosité est l'existence d'un délai entre les vocalises d'un même individu, comme s'il écoutait les réponses potentielles de ses partenaires. La complexité plus ou moins grande de l'arrangement des vocalises et les silences permettant l'écoute des réponses rappellent immanquablement une conversation. La logique d'agencement des suites de sons utilisés par les singes pour élaborer de véritables phrases fait penser à une syntaxe primitive, la forme la plus complexe de protosyntaxe découverte chez une espèce animale. En effet, la syntaxe humaine est caractérisée par des séquences de sons dans lesquelles le sujet, le verbe et l'objet apparaissent ensemble dans les phrases. Le Mone de Campbell en combinant des sons forme de véritables phrases à l'intention de ses congénères du type « *krak hok-oo* », ce qui veut dire « attention, il y a un léopard tout proche », puis « *krak boom boom* » pour indiquer : « C'est bon le léopard est parti ! » Cette découverte est une avancée décisive pour comprendre l'évolution du langage humain à partir de langages simples précurseurs.

Le Cercopithèque de Campbell est-il le seul à posséder ce système de langage ou est-ce une propriété partagée par d'autres singes, notamment ceux habitant les forêts ? Les chercheurs penchent pour la seconde solution. Selon cette hypothèse, le risque de prédation dans les forêts et surtout l'absence de visibilité rendraient la détection des prédateurs difficile. Lors de l'émission d'un cri d'alarme, dire « attention prédateur » ne suffit pas, il faut apporter d'autres précisions, notamment sur la localisation du danger, dans les airs ou au sol.

LE CHANT DES GIBBONS

Un nombre important d'études au cours des vingt dernières années ont apporté la preuve de l'existence de combinaisons de signaux vocaux chez d'autres espèces animales. C'est le cas de la Baleine à bosse ou encore du Pain à cacheter ou blanc-nez, un autre cercopithèque africain, qui doit son nom à la couleur blanche de son nez formant une petite tache claire au milieu de la figure. Chez le Gibbon à mains blanches, que l'on peut encore rencontrer au cœur du parc national de Khao Yai en Thaïlande, la communication prend une tournure quasi enchanteresse. Comme pour le Cercopithèque de Campbell, ce petit singe possède des motifs vocaux différents, sept exactement, similaires à des notes musicales, des « *wa* », « *waou* », « *wow* », « *hoo* », qu'il associe pour former des structures complexes appelées par les chercheurs « figures » ou « phrases ». Le chant des gibbons est une routine quotidienne. Chez cette espèce monogame, la femelle et le mâle chantent en duo chaque matin pour communiquer leur position et signaler leur présence aux voisins. C'est un réveil en chanson qui est aussi un moyen de délimiter leur territoire. En 2006, Esther Clarke, étudiante en doctorat à l'université de St Andrews, Klaus Zuberbühler, son directeur de thèse, et Ulrich H. Reichard, du département d'anthropologie de l'institut

Max-Planck, ont pu mettre en évidence que les gibbons modifient leurs chants en présence de certains prédateurs. Esther Clarke avait entendu ses premiers gibbons chanter lors d'un stage effectué en 2003 au Centre de conservation des gibbons à Santa Clarita en Californie, fondé par Alan Richard Mootnick, primatologue autodidacte. De cette rencontre est née sa passion concrétisée par sa thèse sur les vocalisations et le comportement antiprédateur chez le Gibbon à mains blanches. Chez cette espèce, les chants des mâles et des femelles, d'ordinaire différents, deviennent similaires en cas d'alerte : ils sont plus longs et commencent plus fréquemment avec la note « *hoo* ». Par ailleurs, les groupes voisins sont capables de percevoir ces différences, comme en atteste un délai plus long dans leurs réponses. Les gibbons sont ainsi capables non seulement de faire la distinction entre différents types de chants, mais aussi d'en déduire le sens. Les vocalises chantées pourraient-elles alors être le chaînon manquant avec l'élaboration d'une forme primitive de langage ? Cette relation entre le chant et l'origine du langage est une idée ancienne. Pour Jean-Jacques Rousseau, philosophe des Lumières, les premières langues étaient chantantes, et l'Homme a chanté avant de parler. Ainsi, en explorant les chants les plus complexes des animaux, il cherche à identifier un langage primitif chanté plutôt que parlé.

Avant l'analyse du chant des gibbons, d'autres scientifiques ont mis en évidence, dès 1967, la complexité de la structure des sons émis par les baleines à bosse. Roger Payne est un bioacousticien affirmé qui a commencé par s'intéresser à l'écholocalisation chez les chauves-souris, avant de bifurquer sur l'étude des baleines, désireux de participer plus activement à leur conservation. Scott McVay, diplômé de l'université de Princeton, partage avec Payne la même passion pour les géantes des mers. Leurs travaux publiés en 1971 dans la revue *Science* ont révolutionné notre vision de la communication acoustique des mammifères marins. Sans en connaître au départ la signification, ils ont montré que les baleines pouvaient produire des sons ininterrompus sur de longues périodes. Ces « chants » sont constitués à la base d'unités sonores qui ne durent que quelques secondes. Lesquelles sont associées pour former des petites phrases d'environ dix secondes, qui, elles-mêmes, sont regroupées pour construire des phrases que les baleines répètent durant plusieurs minutes. Ces répétitions sont organisées en séquences de vingt minutes appelées des « thèmes ». La Baleine à bosse utilise plusieurs thèmes les uns à la suite des autres, qu'elle répète ensuite, et ceci pendant plusieurs heures, avec une incroyable précision. Ces séries de sons furent nommées des « chants ». C'est naturellement une vision anthropomorphique, mais elle reflète assez bien ce mode de communication et l'aspect lancinant des sons émis.

Roger Payne et sa femme Katerine Boynton Payne, elle-même bioacousticienne à l'université Cornell, ont travaillé sur les émissions sonores des baleines dans la mer des Bermudes. Les baleines à bosse peuplent l'ensemble du globe à quelques exceptions près. Celles de l'Atlantique Nord se retrouvent en hiver dans les mers chaudes des Caraïbes pour leur reproduction ou, pour les femelles gestantes, mettre bas. En été, elles retournent dans des zones plus froides pour se nourrir du krill. C'est un animal impressionnant, mesurant 11 à 16 mètres pour les adultes et pesant 25 à 40 tonnes avec une longévité pouvant atteindre 40 ans. Les premiers travaux sur le chant des mégaptères démontrèrent qu'il était émis par les mâles et qu'il devait jouer un rôle dans les parades amoureuses et le choix des partenaires sexuels. Plus tard, on découvrit que ce chant pouvait évoluer d'une année à l'autre chez un même individu. En effet, avec l'âge, le chant des baleines se transforme, s'enrichit de nouveaux thèmes, en perd de plus anciens. Selon les zones géographiques, le chant présente aussi de grandes variations et même des accents ! Jusqu'au milieu des années 1990, nous ne connaissions que peu de choses sur les relations sociales des baleines à bosse. Hors saison de reproduction, le mégaptère était alors considéré comme un animal plutôt solitaire, pouvant se regrouper par moments en petits groupes d'une dizaine d'individus. Avec les nouvelles techniques d'observation aériennes, il fut établi qu'une baleine seule au milieu de l'océan pouvait en réalité appartenir à un groupe dont les individus sont distants de plusieurs kilomètres les uns des autres. En 2017, Ken Findlay, chercheur à l'Institut de recherche sur les mammifères de l'université de Pretoria en Afrique du Sud, publia avec ses collègues l'observation de regroupements de baleines à bosse de plus de 200 individus au sud du courant de Benguela, connu pour ses eaux parmi les plus fécondes du monde. En effet, dans sa partie sud, au large de la Namibie et de l'Angola, ce courant froid en provenance du cap de Bonne-Espérance rencontre des remontées d'eau riche en nutriments. Les poissons y abondent, attirant tous les prédateurs de l'Atlantique Sud.

Ces regroupements jamais observés depuis les années 1970 sont vraisemblablement le résultat de l'arrêt de la chasse à la Baleine à bosse dont les populations avaient perdu 90 % de leurs effectifs. Quel est le rôle de leur chant lors de ses regroupements ? Est-il possible d'entendre ces sons hors de la saison de reproduction ? Au début des années 2010, des recherches sur les groupes de baleines de l'Atlantique Nord montrèrent que le chant n'est pas uniquement le fait des mâles lors de la saison des amours. D'autres chants existent pour, semble-t-il, conforter les relations entre partenaires et communiquer entre individus éloignés ou lors des sessions de chasse. En 2017, Simone Videsen de l'université d'Aarhus au Danemark a pu mettre en évidence, pour la première fois, de très faibles vocalises entre la mère et son baleineau. Pour réaliser cette prouesse, les chercheurs ont fixé sur le dos des individus des enregistreurs sonores afin d'écouter leurs échanges. Alors que le chant des baleines peut s'entendre habituellement sur des distances de plusieurs kilomètres, les résultats de leur étude montrent que la mère et le baleineau font preuve d'une grande discrétion pour communiquer, et que les sons émis ne peuvent s'entendre au-delà de 100 mètres. C'est un murmure qui permet aux baleines de communiquer avec leur petit tout en évitant d'attirer leur principal prédateur, l'orque. S'il reste de nombreuses choses à découvrir sur la signification exacte du chant des mégaptères, il est désormais évident que les baleines chantent sans cesse, pour se séduire, s'impressionner, délimiter leur territoire, se retrouver ou communiquer avec leurs baleineaux.

CHAT, UN PROGRAMME INFORMATIQUE POUR DÉCODER LE LANGAGE DES DAUPHINS

Dans la longue liste des espèces animales possédant une communication complexe, le dauphin occupe une place à part due à la fascination qu'il exerce sur l'Homme. Pourquoi une telle attraction ? Pour de nombreuses raisons, à commencer par les multiples contacts spontanés entre les Hommes et les dauphins. J'ai évoqué au début du livre la coopération Hommes-dauphins lors des séances de pêche, mais il existe aussi une foule de témoignages de rencontres entre le dauphin et l'humain. Le livre IX de l'*Histoire naturelle* de Pline l'Ancien regorge d'anecdotes à ce sujet. Il est ainsi rapporté l'histoire d'un dauphin qui « sur la côte d'Afrique, près d'Hippone Diarrhyte, recevait des aliments de la main des hommes, se prêtait à leurs caresses, jouait avec les nageurs, et les portait sur son dos », ou encore l'histoire tragique « d'un [...] enfant, nommé Hermias, qui parcourait ainsi les mers sur le dos d'un dauphin [...] ayant été tué par une tempête soudaine, [il] fut rapporté mort, et [...] le dauphin, s'imputant de ce malheur, ne retourna pas à la mer, et se laissa mourir sur le sable ». Pour Pline l'Ancien, « le dauphin n'est pas seulement ami de l'homme, il aime aussi la musique ; la symphonie, le charme, et surtout le son des instruments hydrauliques. Pour lui l'homme n'est pas un étranger dont il a peur ; il va au-devant des vaisseaux, il joue, il bondit, il joute même, et dépasse les navires, quoiqu'ils voguent à pleines voiles ». Avant Pline l'Ancien, nous retrouvons des dauphins sur les fresques murales de Knossos (7000-1500 avant notre ère), célèbre site archéologique crétois, ou encore dans l'œuvre d'Aristote, considéré comme le père fondateur de la cétologie.

La fascination pour les dauphins a inévitablement été renforcée par leur intelligence supposée et les nombreux points communs qu'ils ont avec nous. Comme les hominidés, le Dauphin est un mammifère de taille moyenne, social, vivant au sein de groupes de quelques individus à plusieurs centaines. Mais lui est un fantastique nageur, qui évolue avec grâce dans un milieu où l'Homme n'est pas à son avantage. Le monde aquatique qu'il nous faut apprendre à dompter est son terrain de jeu et il n'hésite jamais à venir glisser devant la proue des bateaux, surfant sur les vagues et sautant hors de l'eau. Ses capacités d'apprentissage sont aussi exceptionnelles. Au début des années 1960, les services militaires russes et américains ont compris qu'ils pouvaient tirer avantage de cet animal. L'utilisation des dauphins pendant la guerre froide en est un exemple tragique. Ces mammifères marins ont servi à détecter des mines sous-marines, à localiser des épaves, mais aussi à poser des explosifs sur les navires de guerre ennemis.

Autre caractéristique, et non des moindres, le dauphin possède un cerveau de grande taille. Rapportée à son corps, elle le classe en seconde position dans le règne animal juste après l'Homme. C'est aussi un cerveau dont la taille à la naissance représente 40 % de la taille d'un cerveau adulte (contre 28 % pour *Homo sapiens*). C'est donc un cerveau qui se développe en même temps que l'individu, tout comme l'Homme, ce qui fait que le dauphin est, de ce point de vue, plus proche de nous que nos cousins les grands singes.

Enfin, le dauphin émet une multitude de sons qui nous apparaissent bien étranges et dont la diversité nous interroge. Il utilise plusieurs catégories de signaux acoustiques dont les rôles diffèrent. Les sifflements semblent avoir comme unique fonction la communication entre individus. Les « clics » servent à l'écholocalisation, sur le principe du sonar, et sont partagés par tous les odontocètes (les cétacés à dents). Les individus repèrent ainsi dans leur environnement les obstacles, les proies ou leurs congénères en utilisant les propriétés des ondes acoustiques dans l'eau. Enfin, les sons pulsés correspondent à des clics répétés séparés par intervalles de temps très courts, principalement utilisés pour l'écholocalisation et la communication chez les dauphins non siffleurs.

Les travaux sur la communication chez les dauphins ont réellement débuté dans les années 1960. Probablement en raison de la série américaine *Flipper* diffusée entre 1964 et 1967, qui a attiré et excité la curiosité sur le monde des dauphins. D'autres avaient bien plus tôt compris le potentiel de fascination sur le grand public. Le Marineland de Floride a ouvert ses portes dès

1938 et son succès fut considérable. Les deux éthologues Melba et David Caldwell de l'université de Floride profitèrent de ces conditions de captivité pour analyser finement les sons émis par les dauphins. En 1965, ils publièrent un article majeur dans la revue *Nature* démontrant pour la première fois que chaque dauphin en captivité produit un signal qui lui est propre, un signal qu'ils nommèrent « signature sifflée ». Si le rôle de ces signatures semble important dans la reconnaissance des individus entre eux, il restait à apporter la preuve en milieu naturel que chaque dauphin possède bien sa signature acoustique, l'équivalent de notre *nom* en quelque sorte. En 2013, les chercheurs Stéphanie L. King et Vincent M. Janik de l'université de St Andrews ont décrypté les sons de plus de 200 grands dauphins sur la côte est de l'Écosse. Un travail de titan. Ils ont patiemment enregistré les sons d'un groupe d'individus et réussi, ainsi, à identifier la signature sifflée de chacun d'eux. Dans un second temps, ils ont retransmis en play-back chaque signature comme si elle était prononcée par un autre congénère. Ce qu'ils espéraient arriva : les individus réagissaient uniquement lorsqu'ils entendaient leur signature sifflée, et restaient de marbre si le sifflement identifiait un autre individu. Chaque dauphin a répondu très rapidement et plusieurs fois à son nom, et n'a jamais réagi aux noms des autres. Voilà comment, dans l'immensité de l'océan, les dauphins savent parfaitement identifier un congénère qui les appelle et y répondre.

Tout récemment, Stéphanie L. King a pu démontrer que l'existence de cette signature individuelle était conservée tout au long de la vie, ce qui confirme les découvertes sur la mémoire sociale des dauphins que j'évoquais au chapitre précédent. Généralement, dans le règne animal, les associations entre individus sont maintenues par l'utilisation d'un son unique, ou d'une combinaison de sons, partagé par chaque membre du groupe. Ce son fonctionne comme une signature collective, elle n'est pas spécifique à un individu. Cela évite simplement de se tromper de groupe social et permet aux membres d'un même groupe de rester en contact. C'est assez pratique et efficace, et ne requiert pas de capacités cognitives exceptionnelles. Chez les dauphins, les relations entre individus perdurent des années et sont très sophistiquées. Les mâles semblent rentrer dans des jeux d'alliances et de coopérations, et le maintien de leur reconnaissance individuelle leur permet donc de s'identifier parfaitement, même à grandes distances, et certainement de choisir avec qui coopérer, ou qui éviter, en fonction de leurs préférences et de leurs besoins. En réalité, plus l'organisation sociale est complexe, plus le besoin de communiquer et de bien se faire comprendre devient essentiel. Naturellement, les sons émis par les dauphins sont par nature si éloignés des sons humains qu'en imaginer le sens semble hors de notre portée. Les sons cliqués-sifflés sont si nombreux, diversifiés et complexes, qu'il apparaît impossible de les comprendre. Un peu comme Champollion devant les hiéroglyphes, le défi est de décoder une langue dont l'architecture – et certainement le sens – n'a aucune parenté avec notre langage. Cependant, là où Champollion avait pu compter sur la pierre de Rosette pour le guider dans sa tâche, pour les scientifiques se consacrant à l'étude du langage des dauphins, il s'agit d'un saut dans l'inconnu.

Le futur des recherches sur la compréhension du langage des dauphins est certainement lié à l'utilisation d'algorithmes et de l'intelligence artificielle. Denise Herzing est l'une des plus grandes spécialistes des dauphins. Elle a fondé et dirige le Wild Dolphin Project et suit, au large des Bahamas, le même groupe de dauphins depuis plus de trente ans. Son projet est de comprendre les dauphins tachetés de l'Atlantique et les grands dauphins, et de communiquer avec eux en utilisant un ordinateur portable équipé d'un logiciel « traducteur » nommé CHAT (de l'anglais *cetacean hearing and telemetry*) qu'elle peut utiliser sous l'eau. Le traducteur a été développé au Georgia Institute of Technology et il est également utilisé par des chercheurs travaillant sur des primates. Le principe est d'identifier, grâce à des algorithmes, des « sons » similaires à des mots ou des phrases afin d'en déterminer la signification. La récurrence de certaines structures sonores est un élément important de tous les langages, que l'on peut différencier de sons produits au hasard. Par exemple, à chaque rencontre, nous commençons par nous dire « bonjour » et par nous identifier ; le terme « bonjour » et le « nom » associé à un individu reviennent donc de façon récurrente dans les rencontres. Ces « sons » peuvent sans difficulté être différenciés des éternuements ou autres bruits intempestifs. C'est bien en procédant de cette manière que les chercheurs ont pu associer le son « *krak* » produit par les cercopithèques à la présence d'un léopard, comme nous l'avons vu précédemment. CHAT fonctionne ainsi et, en s'attachant à identifier ces sons répétés, il a permis de discerner huit structures ou unités langagières dans un ensemble de 73 sifflements. Denise Herzing et ses algorithmes traducteurs ont ouvert la voie. En 2018, une start-up suédoise, Gavagai AB, spécialisée dans le développement de l'intelligence artificielle pour la compréhension des langues, a décidé d'utiliser son savoir-faire pour décoder le langage des dauphins. En collaboration avec l'Institut royal de technologie de Stockholm, ce projet vise à établir des liens entre les sons et leurs sens. Un programme ambitieux qui pourrait bien, s'il réussit, révolutionner notre relation au monde animal.

CHAPITRE 3

À LA RENCONTRE DE LA CULTURE ANIMALE

Quel est le point commun entre des mésanges dégustant du lait, des bourdons tirant une corde et des singes nettoyant des patates douces ? Il s'agit de comportements nouveaux, d'innovations, le plus souvent fortuits, d'autres fois stimulés par l'Homme dans le cadre d'expériences, que des individus vont adopter puis transmettre à d'autres. L'innovation et la transmission constituent les deux éléments essentiels de ce que l'on nomme généralement la « culture ». Sans innovation, tous les groupes d'individus posséderaient des comportements similaires ; sans transmission, une innovation disparaîtrait avec son inventeur. Longtemps considérée comme une frontière infranchissable entre l'Homme et l'animal, la barrière de la culture est tombée au milieu du XXe siècle. Elle continue à stimuler de nombreuses études, pour comprendre ses conditions d'apparition au sein du règne animal, y compris chez des espèces très éloignées des vertébrés supérieurs.

Comment apparaissent ces traits comportementaux individuels ? La science a mis en évidence trois origines. D'abord le déterminisme génétique : les comportements innés directement hérités des parents. Par exemple, l'épinoche mâle en période de reproduction arbore une livrée rouge sur le ventre. Ce ventre rouge est un stimulus qui attire les femelles, mais déclenche aussi l'agressivité des autres mâles. Ainsi, une épinoche mâle attaquera systématiquement le rival arborant la fameuse livrée rouge qui se présentera devant lui. Ce comportement est considéré comme inné, car les mâles n'ayant jamais vu de ventres rouges agressent inévitablement les autres épinoches qui s'approchent de leur territoire dès lors que cette couleur est présente.

D'autres comportements individuels s'acquièrent par l'expérience. Rappelez-vous le processus d'apprentissage par essai-erreur qui permet à un animal d'optimiser son comportement, comme le rat placé dans une boîte qui doit apprendre à appuyer sur une pédale pour obtenir une récompense. Dans la nature, l'individu développe des comportements similaires en interaction avec son environnement.

Dernière façon d'acquérir un comportement : l'imitation. Elle constitue les fondements de la culture et nous aide à comprendre l'origine et le maintien d'une certaine variabilité comportementale au sein d'une même espèce. Un nouveau comportement inventé par un individu pourra être partagé avec les membres de son groupe alors que ce même comportement est absent chez un autre groupe pourtant de la même espèce. Un exemple classique est celui du chant des oiseaux. L'existence de particularités régionales dans les vocalises est aujourd'hui parfaitement admise. Même si au sortir de son œuf l'oisillon est capable de pousser des cris, cela ne constitue pas pour autant un chant. Devenir un oiseau chanteur demande du temps et l'oisillon, par imitation de ses congénères, mais aussi parfois des autres espèces présentes dans son entourage, va se construire son propre chant. C'est ainsi qu'apparaissent les dialectes régionaux. Chaque oiseau chante dans la langue adoptée par son groupe qu'il modifie à la marge en y apportant sa touche personnelle.

MÉSANGES ET ROUGES-GORGES : UNE HISTOIRE DE LAIT

Pour la petite histoire, la découverte de l'existence de traits culturels chez les animaux découle directement de l'évolution de nos sociétés à la fin du XIXe et au début du XXe siècle. Dans les années 1920, au Royaume-Uni, les citadins se voient proposer un abonnement à un service de livraison de lait à domicile. Du lait pasteurisé en bouteille fermée par une capsule en aluminium ou en carton, et déposé chaque matin devant les portes. C'est un immense progrès pour les habitants éloignés des campagnes, pour qui la livraison de lait cru était jusqu'à présent une source de contamination bactérienne. Les villes gagnent en taille, le transport des denrées alimentaires depuis les campagnes est de plus en plus long et le risque de contamination augmente. L'invention de la pasteurisation par Louis Pasteur (1822-1895) en 1865 (même si le procédé avait déjà été testé efficacement par Nicolas Appert en 1795) va permettre d'assurer la salubrité et la conservation du lait, mais aussi sa distribution sur de plus longues distances. Début XXe, le procédé se démocratise et les premières bouteilles apparaissent ; en quelques années, des services de livraison se mettent en place. Rapidement, les abonnés à ces nouvelles prestations vont avoir la désagréable surprise de trouver régulièrement leur bouteille de lait ouverte, l'opercule fermant le goulot déjà soulevé. Il ne s'agit pas d'un défaut de fabrication : les auteurs de cette prouesse sont des oiseaux familiers des jardins. En 1921, dans le village de Swaythling, près de Southampton, des mésanges sont aperçues en train de boire le lait des bouteilles après en avoir dégagé l'opercule en carton. À partir de l'analyse des informations obtenues grâce à un questionnaire envoyé aux membres du British Trust for Ornithology (la science participative avant Internet), les chercheurs vont montrer la propagation de ce comportement à l'ensemble du Royaume-Uni en moins de trente ans. Plus surprenant, si les témoignages montrent que les voleurs de lait se recrutent le plus souvent chez les mésanges bleues ou charbonnières, elles ne sont pas les seules. En 1957, sur 145 attaques de bouteilles de lait par des oiseaux, 97 concernent la Mésange bleue, 47 la Mésange charbonnière, 3 la Mésange noire, 2 le Rouge-gorge et une, l'Étourneau. Dans un article écrit en 1949, deux des ornithologues anglais les plus confirmés, James Fisher et Robert Hinde, rapportent des siphonnages de bouteilles de lait principalement par les mésanges, mais aussi par le Moineau domestique, le Merle noir, le Pinson des arbres ou encore la Grive musicienne. Leur article, aujourd'hui célèbre, ne fut pourtant pas publié dans une des plus prestigieuses revues scientifiques comme *Nature* ou *Science*, mais dans la revue *British Bird*, un mensuel principalement destiné aux ornithologues amateurs. Pour l'anecdote, un petit addendum des auteurs à la fin de leur article précise que : « Depuis que ce texte a été écrit, les Drs N. et L. Tinbergen nous ont informés que l'habitude d'ouvrir les bouteilles de lait par les oiseaux leur était inconnue en Hollande, où l'utilisation de bouteilles de lait munies de capsule de métal est très répandue. »

Cette information de Hollande était le fait de Nikolaas Tinbergen, éthologue mondialement reconnu, futur Prix Nobel de médecine, et de son frère Luuk, un ornithologue confirmé.

À la suite de ces observations, plusieurs questions vont émerger. En premier, pourquoi ce comportement est si répandu chez les deux espèces de mésange, alors que chez d'autres oiseaux comme le Rouge-gorge, il est anecdotique ? En second, comment expliquer la propagation extrêmement rapide de ce comportement à tout le Royaume-Uni ? Est-il le résultat d'une somme d'acquisitions individuelles indépendantes, en réponse à un stimulus environnemental identique (l'apparition de bouteilles de lait fermées devant les portes) ou les mésanges ont-elles appris ce comportement les unes des autres dans le cadre d'une transmission sociale ? Si cette dernière option est retenue, s'agit-il alors d'un apprentissage dit « vicariant », qui apparaît lorsqu'un individu imite précisément le comportement qu'il observe, combinant la reproduction d'une action, l'obtention du résultat et la compréhension du sens de l'action ; ou d'une autre forme d'apprentissage social comme « l'accentuation sociale », qui est la déduction d'un comportement sans imitation suite à l'observation d'un objet régulièrement manipulé par un individu ; ou encore la « facilitation sociale », en clair la stimulation d'un comportement à force de répétition sans en comprendre le sens ?

Les travaux de Fisher et Hinde apportèrent les premières réponses. Ils montrèrent que ce comportement des mésanges avait été repéré ailleurs en Europe, là où le même système de distribution de lait en bouteille était organisé, preuve d'acquisitions multiples et indépendantes du même comportement. Cependant, la propagation, aussi rapide, de ce nouveau comportement à l'ensemble de la population des mésanges ne pouvait selon eux s'expliquer que par une transmission sociale d'individu à individu. Mais ils restaient vagues sur les mécanismes impliqués dans cette transmission sociale, qui pouvait résulter soit de l'observation et de l'imitation précise d'un oiseau ouvrant une bouteille, soit de la découverte, par des mésanges encore naïves, de bouteilles déjà ouvertes par d'autres, nécessitant alors de leur part une déduction du comportement à appliquer (percer ou retirer la capsule) pour arriver au même résultat. Plusieurs chercheurs ont alors tenté de résoudre cette énigme.

APPRENDRE EN IMITANT

En analysant les données de Fisher et Hinde, Louis Lefebvre, biologiste canadien spécialiste du comportement animal, est arrivé en 1995 à la même conclusion. À partir de l'analyse statistique de l'apparition et de la vitesse d'expansion géographique du comportement des oiseaux ouvreurs de bouteilles, il conclut que ce comportement serait apparu de façon indépendante dans plusieurs villes, mais que sa dissémination accélérée à partir des premiers sites suggère sans aucun doute un apprentissage social. Restait à en comprendre le mécanisme. En 2013, trois chercheurs de trois continents, Lucy Aplin de l'université nationale d'Australie, Ben Sheldon de l'université d'Oxford et Julie Morand-Ferron de l'université d'Ottawa vont apporter de nouvelles conclusions à la compréhension de la transmission sociale. Leurs expériences menées sur les mésanges bleues consistent à proposer à deux groupes identiques de la nourriture (des larves), dans des petits pots, qu'elles doivent obtenir selon deux techniques différentes. Lorsque les larves sont dissimulées par des capsules en aluminium, elles doivent les percer puis les déchirer pour extraire leur proie du contenant ; quand les pots sont recouverts d'un carton, elles doivent le renverser. Des oiseaux choisis au hasard ont été entraînés pour maîtriser l'une des deux techniques. Une fois cette première phase terminée, l'expérience à proprement parler peut commencer. Dans une volière, le démonstrateur (l'oiseau maîtrisant une technique) est replacé dans son groupe initial composé de huit individus. On leur offre alors le même plateau constitué de petits pots avec de la nourriture que le démonstrateur doit ouvrir selon une des deux techniques maîtrisées, ce qu'il fait généralement dix minutes après son arrivée dans la volière. Les résultats sont saisissants. Premièrement, en l'absence de démonstrateur, aucune mésange naïve n'arrive à effectuer l'une ou l'autre tâche, alors que 54 % des mésanges apprennent la technique de leur démonstrateur. Deuxièmement, en présence de leur démonstrateur, elles adoptent majoritairement la technique présentée par ce dernier. Enfin, entre les deux techniques, la première (percer et retirer le film d'aluminium) est maîtrisée plus facilement par 61 % des mésanges naïves, alors que la seconde (renverser le couvercle en carton) ne l'est que par 36 % d'entre elles. On voit bien dès lors l'importance de l'apprentissage social pour acquérir de nouvelles compétences. Les chercheurs ont aussi mis en évidence de fortes variations individuelles dans les capacités d'apprentissage, en fonction de l'âge et du sexe. Ainsi, les femelles juvéniles sont deux fois plus susceptibles d'acquérir une nouvelle compétence que les autres. L'apprentissage social est également plus facile chez les mâles subordonnés que chez les dominants. L'explication tient sans doute au fait que les individus dominés favorisent l'information sociale plutôt que leur propre capacité à innover, par manque de confiance en eux en quelque sorte.

Avec l'arrivée des bouteilles de lait fermées par un opercule, les oiseaux ont donc dû inventer de nouvelles techniques et ceci assez rapidement. Mais leur compétence est allée bien au-delà de la simple maîtrise d'une technique d'ouverture. La livraison à domicile suit inexorablement les modes, et les laitiers se mirent à proposer différents types de boissons lactées : du lait entier, demi-écrémé, écrémé, avec à chaque fois un code couleur différent pour la capsule afin de les identifier. Les mésanges mirent peu de temps à comprendre cette subtilité. En fait, ce n'est pas tant le lait qui les intéresse – elles sont incapables de digérer le lactose –, mais la fine pellicule de crème à la surface des bouteilles. De nombreux observateurs soulignèrent alors que les mésanges attaquaient de préférence les bouteilles de lait entier ou demi-écrémé. Reconnaissaient-elles vraiment la couleur des capsules ? Quelques personnes s'amusèrent à échanger les capsules sur les bouteilles. Elles ne virent aucune différence dans le comportement des voleuses : les oiseaux attaquaient systématiquement le lait entier ou demi-écrémé et délaissaient le lait écrémé, indépendamment donc de la couleur de la capsule. Les mésanges semblaient choisir leur bouteille en fonction des variations de couleur du lait, liées à sa composition, et visibles à travers la bouteille.

Il restait une question en suspens. Pourquoi chez le Rouge-gorge, comme chez d'autres espèces d'oiseaux, ce comportement n'est-il pas plus répandu alors que leur capacité d'innovation ne semble pas en cause ? La raison est que l'apprentissage social étant le mécanisme principal de propagation des nouvelles techniques, il est facilité chez les mésanges qui, en hiver, forment des groupes non territoriaux. À l'inverse, chez le Rouge-gorge, les individus sédentaires – des mâles – restent sur le même territoire toute l'année et sont plutôt solitaires. Ainsi, l'invention d'une nouvelle technique chez les mésanges peut se propager comme un trait culturel dans la population, alors que chez le Rouge-gorge, elle va rester le fait de quelques individus isolés.

LA SOCIÉTÉ DES MACAQUES

Comme pour les mésanges, l'apparition d'innovations chez les primates est la conséquence d'interventions humaines dans la vie des singes, et... d'une suite de découvertes fortuites qui auraient pu passer inaperçues pour le profane. Il nous faut quitter l'Europe et nous projeter au sud du Japon, en 1948. Fisher et Hinde s'apprêtent à publier leur premier article sur les mésanges tandis qu'un chercheur nippon, Kinji Imanishi et deux de ses étudiants, Shunzo Kawamura et Junichiro Itani, mènent des travaux sur les chevaux semi-sauvages de la péninsule de Toi, dans la préfecture de Miyazaki. Au cours de leurs périples, ils vont croiser par hasard un groupe de macaques japonais et cette rencontre va être le commencement d'une incroyable épopée scientifique. Les primatologues japonais vont en effet poser les bases de la primatologie moderne en utilisant des procédés radicalement différents pour l'époque. Alors que jusqu'ici les travaux sur les primates étaient réservés à des animaux captifs, ils vont inventer l'étude des singes dans leur milieu naturel. Deux grands principes caractérisent leurs expériences : l'identification individuelle des singes, chacun recevant le plus souvent un surnom, et non un code comme une souris dans un laboratoire ; et l'observation individuelle des animaux et de leurs interactions, entre eux et avec leur environnement à long terme. Au Japon, les travaux se poursuivent aujourd'hui sur les mêmes groupes après plus d'un demi-siècle !

Peu après avoir croisé la route des premiers macaques, les trois chercheurs découvrirent l'île de Koshima et décidèrent de s'y installer pour mener à bien leurs recherches sur l'organisation de la société des macaques, considérée comme précurseure des sociétés humaines. Les macaques japonais sont des proches parents des magots d'Afrique du Nord. Ils s'en distinguent cependant par leur queue courte et leur face colorée de rouge. Ils vivent le plus souvent en forêt, au sein de groupes de 20 à 30 individus, même si des clans de plus de 200 individus ont été observés. Les macaques japonais sont des animaux craintifs et plutôt méfiants qu'il s'avère difficile d'observer à l'état sauvage sur de longues séquences. Pour contrer ce problème, Imanishi et ses étudiants vont décider d'attirer les animaux sur des zones découvertes afin de pouvoir les observer à faible distance. Pour ce faire, ils vont déposer sur plusieurs rochers où les macaques ont l'habitude de s'aventurer des appâts irrésistibles, en l'occurrence des patates douces et du blé. Assez rapidement les singes vont prendre goût aux offrandes. Dans un second temps, les chercheurs vont réduire le nombre de points de distribution de nourriture pour n'en garder qu'un seul, sur une plage non loin d'une cabane de pêcheurs. Il devient ainsi plus aisé d'étudier les comportements individuels et la vie au sein de la société des macaques, d'en analyser la structure sociale, les relations de dominance et les liens de parenté.

Apprendre à laver sa nourriture

Ce choix va conduire les chercheurs à faire une découverte imprévue. Sur la plage, la nourriture est presque toujours recouverte de grains de sable, ce qui est plutôt désagréable lorsqu'il s'agit de l'avaler. C'est ainsi qu'une jeune femelle macaque d'un an et demi nommée Imo se mit à laver dans l'eau d'un petit ruisseau se jetant dans la mer les patates douces déposées par l'Homme sur la plage. Comment ce comportement est-il apparu ? Imo a-t-elle ramassé dans le ruisseau des patates douces qui y étaient tombées par accident et en a déduit l'intérêt de l'eau pour se débarrasser du sable, ou a-t-elle, elle-même, peut-être volontairement, fait tomber des patates dans l'eau ? Il semble difficile de répondre à cette question car, par définition, il n'y a qu'*une* première fois, et personne n'était présent pour observer la jeune femelle. Par la suite, ce comportement va gagner d'autres singes. Cinq ans après son apparition, en 1958, 2 adultes sur 11 (soit 18 % des adultes) avaient adopté le lavage des aliments contre 15 jeunes (âgés de 2 à 7 ans) sur 19, soit 79 % de la population des plus jeunes. Neuf ans plus tard, en 1962, 36 des 49 singes de plus de 2 ans maîtrisaient la technique. Parmi les 13 macaques qui n'ont jamais utilisé la technique, 11 avaient plus de 12 ans.

Au cours de ses premières recherches, en collaboration avec ses collègues du Japan Monkey Centre, Shunzo Kamamura va mettre en évidence les effets du sexe, de l'âge et des liens de parenté dans la propagation des nouveaux comportements aux différents singes de la troupe. Cette propagation se fait principalement selon deux processus. En premier, les relations sociales entre individus apparentés, et plus particulièrement entre la mère et l'enfant ; en second les relations sociales avec les compagnons de jeu. Ainsi, juste après l'innovation d'Imo en 1953, c'est sa mère Eba, alors adulte, et un jeune mâle de 2 ans, Semushi, qui vont dans la même année apprendre à laver les aliments. Les années suivantes, ce sera au tour des camarades de jeu et des frères et sœurs d'Imo, pour enfin s'étendre graduellement aux autres singes à l'exception des mâles âgés de plus de 4 ans. Pourquoi les plus vieux singes semblent montrer de grandes difficultés à acquérir ce nouveau comportement alors que les femelles du même âge y arrivent sans problème ? C'est au cœur de l'organisation sociale des macaques que la réponse se trouve. Les troupes de macaques sont classiquement organisées en deux zones distinctes correspondant à des « classes sociales ». Une centrale où l'on retrouve le ou les mâles dominants, l'ensemble des femelles et des juvéniles, et les jeunes de moins de 2 ans. Une plus périphérique où se trouvent les mâles sub-dominants et sub-adultes (les adolescents), qui n'ont pas le droit de pénétrer au centre. Ainsi, lorsque les mâles atteignent l'âge de 4 ans, ils vont se déplacer du centre de la troupe à sa périphérie tandis que les femelles restent toute leur vie au centre. Les interactions sociales des mâles avec les femelles et les juvéniles situés au centre du groupe vont alors devenir rares. Concernant l'acquisition d'un comportement – celui de nettoyer à l'eau ses patates douces –, les mâles alors retirés en zone périphérique se sont retrouvés défavorisés et n'ont pas pu apprendre ou alors moins vite. Ce n'est donc pas un problème de compétences mais d'opportunité. Au moment où Imo fit sa découverte, tous les mâles de plus de 4 ans ne purent apprendre la technique, faute de relations sociales. De même qu'il n'est pas très surprenant que l'inventeur soit un jeune individu comme Imo, âgée d'un an et demi. En effet, comme le souligne Miyadi dans sa description de la vie sociale des macaques du Japon, ce sont les jeunes macaques qui se mettent les premiers à manger de nouveaux aliments car ils ne font pas la différence entre un produit naturel et artificiel (apporté par l'Homme) malgré les efforts de leurs mères pour les en dissuader. Notez que nous retrouvons cette même habitude chez les jeunes humains qui, au début de leur vie, essaient de manger tout ce qui ressemble à de la nourriture. Au bout d'un certain temps cependant, les mamans macaques se mettent à imiter leurs petits, puis c'est au tour du reste de la troupe. Ainsi, après 1959, tous les jeunes qui vont naître, mâles comme femelles, vont laver les tubercules comme si ce comportement avait toujours existé au sein de cette troupe de macaques du Japon.

Du sel et du blé au menu

Les singes observés à Koshima vont encore innover, par deux fois, à la fin des années 1950. D'abord en modifiant la façon de rincer les patates. Rappelons-nous, ce comportement avait été imaginé par Imo, au bord d'un ruisseau se jetant dans la mer. Pour cela, elle utilisait donc de l'eau douce comme tous les autres membres de la troupe à sa suite. Mais au cours des années 1957 et 1958, quelques singes commencèrent à laver leurs patates douces dans l'eau de mer. Trois ans plus tard, en 1961, l'ensemble des singes plongeait les tubercules à la fois dans l'eau douce du ruisseau et dans l'eau salée. En étudiant précisément les conditions de l'utilisation de l'une ou l'autre option, les chercheurs s'aperçurent que le choix ne s'opérait pas au hasard. Tous les singes préféraient de façon évidente laver leurs patates dans l'eau salée, une préférence gustative sans aucun doute, le sel donnant aux patates un goût plus prononcé. Mais les macaques qui trempaient les tubercules dans l'eau douce avaient de bonnes raisons de le faire. Généralement, cela arrivait soit lorsque les patates étaient situées près du ruisseau, soit lorsque les singes en question étaient des individus subordonnés qui évitaient de s'approcher de la mer pour ne pas rencontrer des congénères dominants.

En 1956, le singe Imo – encore elle ! –, alors âgée de 4 ans, réalisa une deuxième innovation : elle rassembla des grains de blé et de sable et les jeta à l'eau. D'ordinaire, lorsqu'ils trouvent des grains de blé dispersés sur la plage, les singes les mangent minutieusement en les ramassant les uns après les autres. Une tâche fastidieuse. En appliquant sa nouvelle méthode, Imo réussit à séparer les grains de blé du sable, le blé flottant à la surface de l'eau devenant alors plus facile à collecter. Pendant un an et demi, de 1956 au début de l'année 1958, Imo fut la seule à utiliser le flottage du blé. En 1958, ce sera au tour d'Enoki et d'Ego, deux de ses sœurs, et d'un jeune mâle, Jugo, d'apprendre à maîtriser la technique de séparation du blé des grains de sable. Puis Eba, la mère d'Imo, acquit la technique trois ans plus tard. L'analyse des relations de parenté chez les singes maîtrisant l'un ou l'autre des deux comportements montre des différences importantes. Concernant le lavage des patates douces, seuls quatre individus nés après 1951 ne le maîtrisent pas, et tous sont des enfants de la même femelle nommée Nami. Les mêmes n'apprendront pas plus la technique de séparation du blé du sable. De tous les enfants de Nami, seul le mâle Jugo sera réceptif aux nouveaux comportements. Il acquit les deux techniques. Nami elle-même finira par apprendre la méthode du lavage des patates douces, quatre ans après son invention, et un an après son fils Jugo, nous incitant à croire que c'est grâce à ce dernier qu'elle s'y est enfin mise. Cette influence du lien de parenté est difficile à analyser. Nami et ses enfants seraient-ils simplement des individus naturellement plus prudents et conservateurs que les autres ? C'est l'étude de la personnalité chez les animaux (lire le chapitre 5) qui nous donne les premières réponses.

Le plaisir des bains chauds

Bien que vivants sur une île, la baignade n'a jamais été une activité volontaire des singes de Koshima. Même après avoir adopté les techniques de lavage des patates douces et du blé, les singes ne faisaient que plonger leurs mains et leurs pieds dans l'eau pour obtenir le résultat voulu et aucun d'entre eux n'avait jamais été observé en train de faire trempette. En 1959, Satsue Mito, chercheuse au Japan Monkey Centre, eut l'idée d'attirer des singes dans l'eau en leur jetant des cacahouètes. L'objectif était d'étudier la propagation d'un nouveau comportement au sein de la troupe. Le premier à se jeter à l'eau pour aller récupérer des cacahouètes dans la baie d'Otomari fut un macaque, Ego, âgé de 2 ans. Deux ans plus tard, plusieurs autres jeunes l'imitaient, et en 1962, ils étaient 31 sur 49 à prendre des bains. Le niveau d'acquisition chez les singes nés après 1955 était de 96 % contre seulement 26 % pour ceux affichant plus de 6 ans. Toujours et encore la primauté de la jeunesse pour changer ses habitudes. Cependant, la rapidité de propagation de ce nouveau comportement interroge. D'abord parce que le goût de la baignade a été provoqué par l'action de l'Homme qui a volontairement jeté leur nourriture préférée dans l'eau. Ensuite, parce que cela revient à s'adapter à un nouvel environnement et sur ce point précis les mâles se montrent particulièrement conservateurs.

De tous les macaques profitant des bienfaits d'une cure thermale, ceux du parc de Jigokudani, situé dans la ville de Yamanouchi, au nord de la préfecture de Nagano, sont les plus connus. Dans les années 1950, le développement du ski chassa les singes des zones de montagne et les poussa à descendre dans la vallée pour s'établir non loin des Hommes. Pour se nourrir, ils commencèrent à piller les cultures de pommiers, ce qui poussa les agriculteurs à demander leur éradication. Les singes avaient cependant eu le temps d'attirer l'attention de plusieurs personnes, dont un certain M. Sogo Hara[1]. C'est à lui, employé de la compagnie des chemins de fer de Nagano, randonneur et amoureux des singes, que l'on doit la renommée des macaques du Japon. Une fois son travail terminé à la gare de Yudanaka, il explorait le plateau de Shiga

1. [1] En 1964, Sogo Hara fonde le parc aux singes de Jigokudani pour protéger les macaques du Japon.

et les montagnes environnantes pour assouvir sa passion de la marche et de la nature. En 1957, il visita la région de Jigokudani et tomba nez à nez avec une troupe de plus de 100 macaques. Le terme « Jigokudani » signifie « vallée de l'Enfer » en japonais, c'est la contraction de deux mots, *jigoku* qui signifie « enfer » et *dani* qui veut dire « vallée ». Cette vallée est appelée ainsi à cause de l'odeur des sources chaudes sulfureuses. Sogo Hara eut l'idée de déplacer le groupe de primates dans une vallée éloignée des terres agricoles en les attirant avec de la nourriture. Aidé par le club alpin des randonneurs de la compagnie ferroviaire, il concrétisa en 1962 cette démarche, l'objectif étant autant de prévenir les dommages agricoles que de protéger les primates en les réconciliant avec les Hommes, tout en facilitant leur observation et le tourisme. Il aura fallu cinq années après la première rencontre de Sogo Hara avec les singes pour mettre en place la distribution de nourriture.

Au début des années 1960, une troupe d'une vingtaine d'individus établit ses quartiers dans la vallée en se nourrissant des pommes fournies par les Hommes. Durant l'hiver 1962, Tomio Yamada, un policier de la préfecture de Nagano, prit une photographie exceptionnelle, la première du genre, de singes se baignant dans les sources d'eau chaude. Quelques mois plus tard, en janvier 1963, Sogo Hara décrivit avec précision le phénomène. Un jeune singe de 2 ans met ses doigts dans une des sources chaudes. Il les déplace et le mouvement de sa main fait monter de minuscules bulles à la surface. Le singe semble alors essayer de les attraper. Puis il cesse de bouger, maintenant simplement ses mains immobiles dans l'eau chaude. Par la suite, il plonge les deux mains entièrement dans l'eau, puis ses avant-bras. Enfin, il met un pied dans l'eau, son autre pied, et à la fin tout le corps. Le 30 janvier 1970, le monde entier découvre la photographie d'un macaque du japon se baignant dans une source d'eau chaude, la tête légèrement recouverte de givre avec ce titre : « L'écologie devient l'affaire de tous, les singes des neiges du Japon ».

Cependant, la principale motivation des singes pour se jeter à l'eau aurait été la recherche de nourriture. Kazuo Wada, de l'Institut de recherche sur les primates de Kyoto, rapporta dans son livre sur les macaques du Japon avoir observé le premier cas d'un singe prenant un bain chaud le 6 février 1963. Il fit ainsi le tableau de ce qu'il avait vu : alors qu'il se régale de pommes dans une zone proche des sources d'eau chaude, un jeune singe observe un des fruits qui flotte à la surface, plonge ses deux bras, et continue à descendre jusqu'à entrer complètement dans l'eau pour finalement attraper la pomme. Environ cinq minutes plus tard, le même individu pénètre à nouveau dans la source alors qu'il n'y a plus de pomme. Cette fois, il s'immerge totalement, se couche sur le dos en bougeant doucement, puis reste assis tranquillement dans l'eau. Selon les différents témoins de l'époque, Tomio Yamada et Sogo Hara, l'initiative de la baignade dans les eaux chaudes reviendrait à quatre jeunes singes. Les autres mâles ainsi que les femelles ont par la suite adopté ce comportement. Seuls les singes adultes provenant d'autres troupes n'ont jamais tenté l'expérience.

En 2018, un groupe de chercheurs de l'université de Kyoto a pu mettre en évidence les bienfaits des bains pour les macaques. Alors que pendant des années ce comportement fut interprété comme un simple moyen pour ces animaux de se réchauffer dans cette région froide et souvent enneigée du Japon, des observations récentes ont conclu que ce n'était pas l'unique raison. À partir de l'analyse de la concentration de glucocorticoïde dans les excréments des singes, une hormone dont la concentration augmente avec le niveau de stress, les chercheurs ont pu montrer une baisse de 20 % de cette hormone après un bain. Bref, les macaques, comme les humains, auraient compris les bienfaits qu'ils pouvaient tirer à se baigner dans les sources d'eau chaude.

La culture chez les macaques

L'ensemble des comportements des macaques du Japon possède trois des caractéristiques essentielles qui définissent une culture animale. En premier, un comportement innovant est observé puis se propage, par imitation, à d'autres individus. En deuxième, ce comportement se diffuse à l'ensemble du groupe. Et enfin, l'innovation et la diffusion sont spécifiques à un groupe et vont créer des différences locales entre des populations géographiquement séparées. Ces différences ne sont pas l'apanage des macaques du Japon : chez d'autres populations de primates, comme les chimpanzés, de pareilles divergences existent et certainement depuis bien plus longtemps.

Les chimpanzés du parc national de Taï en Côte d'Ivoire sont mondialement connus pour leur utilisation d'outils destinés à casser des noix de coula, très nourrissantes mais aussi extrêmement dures. Généralement, les noix sont placées sur un support qui sert d'enclume et sont frappées à l'aide d'une pierre qui joue le rôle de percuteur. Christophe Boesch, de l'institut Max-Planck de Leipzig, en Allemagne, étudie depuis presque quarante ans les chimpanzés du parc de Taï. Ses travaux ont été essentiels pour fissurer la frontière entre l'Homme et l'animal, car il a montré à la fois la faculté d'innovation, la spécificité de ces techniques propres à certains groupes de singes, et leur transmission de génération en génération. En 2007, Julio Mercader, archéologue de l'université de Calgary, et ses collaborateurs, dont Christophe Boesch, vont mettre en évidence sur trois sites de la forêt de Taï des pierres utilisées comme percuteurs datant de 4 300 ans ! Une analyse approfondie permettra d'identifier des traces d'amidon provenant des noix locales. Les noix de coula ne faisant pas partie du régime alimentaire des *Homo sapiens* de la région et les pierres, trop grosses, n'ayant pas pu être utilisées par des Hommes, seule restait en lice l'hypothèse d'une utilisation ancienne par des chimpanzés, transmise sur plus de 200 générations. Preuve d'une véritable culture animale sur plus de 4 300 ans !

Si l'utilisation de pierres pour briser les noix est le comportement le plus observé chez les chimpanzés du parc de Taï, il existe cependant des différences entre les groupes. Ainsi, il s'avère qu'au début de la saison des noix, les différentes troupes de singes utilisent des pierres pour casser les noix encore fraîches et extrêmement résistantes. Plus tard dans la saison, lorsque celles-ci sont sèches et donc brisables plus aisément, certains groupes optent pour des percuteurs en bois, plus faciles à trouver en forêt, alors que d'autres choisissent de conserver leurs outils en pierre.

La diversité des outils utilisés chez les chimpanzés est prodigieuse et spécifique à chaque groupe. Ainsi la taille des percuteurs en bois varie entre les groupes du parc de Taï. Les chimpanzés situés au nord sélectionnent des marteaux en bois plus petits que ceux des autres groupes. Dans d'autres régions de l'Afrique, en fonction des ressources alimentaires et des matériaux disponibles, des outils différents apparaissent. En Guinée, les chimpanzés des collines de Bossou utilisent des bâtons pour pilonner les branches des palmiers afin d'en extraire la pulpe comestible. En Tanzanie, l'éthologue américaine Jane Goodall[1] observa comment les singes, à partir des années 1950, se mirent à fabriquer des outils pour capturer les termites. La procédure est bien rodée. Les singes effeuillent méticuleusement les brindilles afin de les insérer dans les termitières pour en retirer les insectes. Une technique améliorée à 1 500 kilomètres de là, plus à l'ouest, en République démocratique du Congo, où les chimpanzés modifient le bout de la brindille pour faire une sorte de brosse et gagner ainsi en efficacité. La présence de traits culturels différents dans chaque groupe de primates nous rappelle qu'avec leur disparition c'est aussi toute cette diversité culturelle qui s'appauvrit.

LES INVERTÉBRÉS OU L'ULTIME FRONTIÈRE

Si les capacités cognitives de ceux que l'on appelle les vertébrés supérieurs semblent jouer

1. Jane Goodall est l'une des trois jeunes femmes financées et encouragées par l'anthropologue américain Louis Leakey pour étudier les grands singes, avec Birutė Galdikas qui étudia les orangs-outans, et Dian Fossey qui étudia les gorilles des montagnes.

un rôle important dans le développement d'une culture animale, qu'en est-il des invertébrés ? Autrement dit, la culture peut-elle aussi exister chez les abeilles, les bourdons, ou les fourmis ? Comme nous l'avons vu précédemment, l'éthologie des insectes sociaux a permis de découvrir des capacités de communication et de mémorisation puissantes au sein du règne animal ; les chercheurs ne pouvaient donc pas en rester là. Le professeur Lars Chittka dirige le laboratoire d'écologie sensorielle et comportementale des abeilles à l'université Queen Mary de Londres. Ses travaux à l'interface entre la physiologie sensorielle, l'apprentissage et l'écologie évolutive lui ont permis de faire des découvertes spectaculaires. En 2016, Lars Chittka et son équipe vont mettre en évidence la transmission d'un savoir-faire entre bourdons, ou plutôt d'une solution technique à un problème. Lorsqu'il s'agit de confronter des individus à des situations complexes, les chercheurs n'ont pas leur pareil. Dans une série d'expériences, Lars Chittka et son équipe soumettent des bourdons à une série d'épreuves précédant l'accès à de la nourriture. L'expérience extrêmement ingénieuse est en réalité assez simple. Au départ, des fleurs artificielles recouvertes de sucre sont proposées aux bourdons afin qu'ils les associent à de la nourriture. Puis chaque fleur est progressivement recouverte par une plaque transparente et reliée à une ficelle qui dépasse légèrement.

En quatre phases d'apprentissage, les bourdons doivent apprendre à tirer sur la ficelle pour découvrir la fleur. Étape 1 : 50 % de la fleur est recouverte par la plaque transparente ; 2 : 75 % ; 3 : 100 %, mais la fleur est placée au bord de la plaque donc encore légèrement accessible aux bourdons ; enfin étape 4 : 100 % de la fleur est recouverte et placée à 2 centimètres sous la plaque de telle sorte que le bourdon est obligé de tirer sur la cordelette pour l'atteindre et butiner le sucre.

Sur 40 bourdons entraînés, 23 vont être capables de résoudre le problème. Puis 50 novices sont exposés à la même tâche, mais sans phase d'entraînement, ils ont juste appris que les fleurs étaient sucrées. Aucun d'eux ne réussit spontanément à découvrir les fleurs ni à comprendre comment manipuler la ficelle. Vingt-cinq d'entre eux sont soumis à nouveau à la même expérience, toujours sans formation préalable, durant cinq minutes. Cette fois, deux d'entre eux vont réussir à tirer sur la ficelle, tout en mettant dix fois plus de temps pour y parvenir que les individus entraînés, peinant à trouver la meilleure technique. En clair, les bourdons peuvent donc apprendre une technique nouvelle après un entraînement précis, mais spontanément, ils ne savent pas réaliser la tâche, ou alors de manière extrêmement maladroite.

Pour savoir si les bourdons naïfs pouvaient acquérir la technique de la ficelle par simple observation de leurs congénères, les chercheurs ont permis à 25 d'entre eux d'observer, depuis une chambre transparente, des individus entraînés à mener à bien le test dix fois de suite. À aucun moment les bourdons naïfs n'ont interagi directement avec les individus entraînés, ils n'avaient accès qu'à des informations sociales visuelles. Pourtant, 60 % des bourdons (soit 15 sur 25) ont passé avec succès le test de la ficelle, et ceci dès le premier essai. L'autre conclusion de cette série d'expériences est qu'un nouveau comportement peut se répandre rapidement à partir d'un individu expert à la majorité de la colonie, et perdurer au sein de cette dernière. En effet, les chercheurs ont observé que des bourdons jusque-là naïfs pouvaient acquérir la nouvelle technique en interagissant avec des congénères qualifiés, puis devenir eux-mêmes des démonstrateurs pour la génération suivante, garantissant la transmission dans le temps de la nouvelle technique.

L'année suivante, en 2017, l'équipe de Lars Chittka va publier une autre étude tout aussi incroyable. L'objectif est de prouver que les bourdons peuvent apprendre à réaliser une tâche totalement inédite dans leur milieu naturel pour obtenir une récompense, mais aussi de mesurer l'importance de l'apprentissage social. Les « cobayes » sont ainsi entraînés individuellement à pousser une balle de leur taille dans un trou pour avoir droit à une récompense sucrée, un comportement complexe totalement nouveau pour cette espèce, mais qu'ils vont maîtriser assez rapidement. Par la suite, d'autres naïfs vont être soumis à trois traitements d'apprentissage distincts. Les premiers peuvent apprendre la technique en observant des individus expérimentés. Les deuxièmes vont être entraînés en observant un faux bourdon, un leurre aimanté, pousser la balle dans le trou. Enfin, les troisièmes ont été mis devant le résultat final, la balle placée dans le trou, sans avoir reçu d'entraînement spécifique. La première façon d'apprendre s'avère, de loin, la plus efficace avec un taux de réussite de 99 %, contre 78 % pour les bourdons entraînés par le leurre, et 34 % chez les derniers. Ce qui montre le rôle primordial de l'apprentissage social chez cette espèce.

Dans une dernière expérience, les chercheurs vont proposer trois balles placées à différentes distances du trou à un bourdon. Ce dernier a été entraîné en observant un individu expérimenté déplacer une balle éloignée du trou. Certains bourdons vont améliorer la technique en choisissant la balle la plus proche du centre pour gagner du temps. Autrement dit, ils ne se contentent pas de copier la méthode, ils l'améliorent en s'adaptant à une nouvelle situation afin de faire le choix le plus efficace. Des capacités jusqu'alors ignorées chez des insectes dont la petite taille du cerveau n'en faisait pas des postulants sérieux à la résolution de problèmes complexes.

CHAPITRE 4

LA VIE SOCIALE DES ANIMAUX

La vie en groupe n'est pas le fait de toutes les espèces animales, c'est même une chose plutôt rare. Par exemple le Chat sauvage, un proche parent de notre matou domestique, est un animal typiquement solitaire. Comme l'ensemble des félins, il passe toute sa vie seul, excepté lors de la reproduction où le rapprochement, pour quelques heures à quelques jours, avec un congénère est une obligation biologique. Cette caractéristique généralisée chez les félins, des chats aux tigres, a naturellement une exception, le Lion, qui est la seule espèce sociable.

À la question « Pourquoi vivre en groupe ? », les évolutionnistes apportent de multiples réponses. D'abord la coopération – c'est typiquement le cas du Lion. En faisant partie d'un groupe, les lionnes peuvent s'entraider pour chasser des proies de grande taille ou encore défendre et élever les jeunes, chose infaisable seules. Mais vivre en groupe a aussi des inconvénients. En particulier, cela favorise toutes les formes possibles d'exploitation d'un individu par un autre. L'exploitation comme la coopération peuvent alors prendre des formes diverses et dépendent fortement des informations que l'on acquiert sur son environnement. Lorsque les animaux vivent seuls, ils ne peuvent compter que sur leur propre expérience pour se renseigner sur la qualité de leur habitat ou sur la répartition des ressources, ce que l'on nomme l'« information personnelle ». Lorsqu'ils sont en groupe, ils peuvent aussi bénéficier de l'information produite par leurs congénères, ce que l'on nomme l'« information publique ». Par exemple, dans une colonie d'oiseaux, lorsqu'un individu rentre de la chasse ou de la pêche avec des proies dans le bec, les autres membres peuvent l'observer et en déduire, à partir de l'analyse de la direction de son trajet, l'endroit où se trouvent les ressources alimentaires. L'intérêt de l'information publique tient à sa grande fiabilité, parce qu'elle n'est pas produite volontairement et qu'elle correspond généralement à des besoins partagés. Par ailleurs, il ne s'agit pas simplement de suivre ses congénères et de considérer leur présence comme un indicateur de la qualité du milieu. L'information publique va plus loin, elle permet, à partir des choix et des décisions des autres, de réduire les coûts liés à n'importe quelle recherche en procurant une information complémentaire sur les conditions environnementales, généralement plus précise que son expérience propre. L'individu pourra ensuite utiliser cette information dans différents contextes pour ajuster sa stratégie comportementale et choisir la meilleure option.

LES ÉTOURNEAUX ET LE CHEDDAR

Réaliser des expériences dans des conditions naturelles, tout en contrôlant un maximum de paramètres, demande souvent un peu d'imagination. Au début des années 1990, Jennifer Templeton, étudiante en doctorat à l'université de Québec à Montréal sous la direction de Luc-Alain Giraldeau, chercheur et professeur d'écologie comportementale, va étudier comment l'Étourneau sansonnet utilise l'information publique pour rechercher de quoi se sustenter. C'est une des espèces de passereau les plus répandues sur notre planète. Originaire d'Eurasie, elle a colonisé l'ensemble des continents, à l'exception de l'Antarctique, dans le sillage de l'Homme occidental. Omnivore et capable de vivre dans une grande diversité d'habitats, ce qui explique grandement son expansion, c'est une espèce sociale et les groupes de sansonnets peuvent compter plusieurs milliers d'individus.

Les deux chercheurs vont imaginer un dispositif expérimental installé sur le balcon d'un appartement situé au troisième étage d'un immeuble de Montréal. Ils vont y fixer une plateforme en bois d'un mètre carré pouvant être filmée depuis une fenêtre. Sur cette plateforme, un plateau rempli de sable dans lequel sont fixés quarante gobelets en plastique au fond découpé contenant une boulette de fromage, du cheddar, dissimulée sous la surface de sable. Pour les besoins de l'expérience, les gobelets sont soit ajustés à la hauteur du sable de telle sorte qu'ils affleurent à la surface du dispositif – dans ce cas les yeux de l'étourneau sont toujours situés au-dessus du rebord du gobelet lui permettant d'observer ses congénères –, soit ils dépassent de la surface du dispositif, et dans ce cas, les yeux de l'oiseau sont toujours sous le rebord du gobelet rendant impossible l'observation de ses voisins. Grâce à ce dispositif, les chercheurs vont donc pouvoir comparer le comportement d'un oiseau lorsque celui-ci ne dispose que de son information personnelle et quand il dispose en plus de l'information publique, venue de ses voisins.

Quinze jours durant, Jennifer Templeton et Luc-Alain Girardeau vont identifier chacun des 31 individus d'un groupe d'étourneaux qui visitent quotidiennement le balcon à cheddar. Chaque individu est marqué sur la tête avec un point de peinture acrylique non toxique, ce qui permettra de l'identifier lors de la lecture des vidéos. L'apprentissage peut commencer. Pour apprendre aux étourneaux à chercher dans le sable les boulettes de cheddar, quelle que soit la taille des gobelets, nos deux chercheurs vont placer des boulettes dans chaque gobelet durant ces quinze jours en les recouvrant progressivement d'un peu de sable. À la fin de cette période, les étourneaux ont appris à aller fouiller le sable à l'intérieur des gobelets dès qu'ils arrivent sur la plateforme afin de trouver le fromage.

Lors des expériences, les deux chercheurs vont proposer aux oiseaux des nombres variables de boulettes de cheddar réparties au hasard dans les quarante gobelets. Ils enregistrent alors le comportement de chaque sansonnet lorsque celui-ci arrive sur le dispositif, et mesurent entre autres le nombre de boulettes qu'il trouve et le temps qu'il y reste avant de repartir, considérant qu'il n'y a plus rien à manger et que la rareté de la nourriture ne nécessite pas de passer plus de temps à chercher.

Les résultats montrent que le succès plus ou moins grand dans la recherche de nourriture détermine bien sûr la décision de départ du dispositif, mais uniquement lorsque les oiseaux sont placés dans la situation où ils ne peuvent compter que sur leur propre expérience sans avoir accès à l'information publique. Dans ce cas, les sansonnets ayant trouvé le moins de boulettes se découragent plus vite. À l'inverse, dans la situation où l'oiseau peut observer ses congénères, ceux qui ont trouvé des boulettes, il reste plus longtemps sur le dispositif.

Ainsi, lorsque l'accès à l'information publique est impossible, les oiseaux se fondent uniquement sur leur information personnelle pour prendre leur décision de départ. Cependant, lorsqu'un individu peut bénéficier des informations de ses voisins, la décision de quitter le balcon n'est pas liée à son seul succès dans la recherche de nourriture. Qu'il trouve ou ne trouve pas des boulettes ne préjuge pas de sa décision. En réalité, il se base autant sur le succès de ses voisins. Cette expérience est la première à avoir fourni la preuve que les oiseaux peuvent utiliser les réussites de leurs voisins en matière de recherche de nourriture pour évaluer la qualité de leur habitat sur ce point.

DES OISEAUX AUX POISSONS : MÊMES CAUSES, MÊMES EFFETS !

Le maniement de l'information publique pour trouver sa pitance n'est pas propre aux oiseaux. En 2005, Isabelle Coolen et Kevin Laland du département de comportement animal de l'université de Cambridge, accompagnés de deux chercheurs de l'université de Leicester, Ashley J. W. Ward et Paul J. B. Hart, vont en apporter la preuve chez une petite espèce de poisson de nos rivières, l'Épinochette. Le dispositif expérimental imaginé offre à l'Épinochette le choix entre deux chambres, deux habitats de qualité variable, situés de part et d'autre d'un aquarium. Dans un premier temps, les chercheurs permettent à 20 épinochettes placées individuellement dans la partie centrale de l'aquarium d'observer les activités proposées dans chacune des chambres. Dans une première expérience, les poissons doivent faire leur choix sur la base de simples indicateurs sociaux, c'est-à-dire du nombre de congénères. Ils sont deux d'un côté et six de l'autre. Dans une seconde expérience, en plus du nombre d'individus, les chercheurs proposent de la nourriture. La chambre avec deux épinochettes peut être définie comme un habitat « riche » puisque l'on y sert six fois à manger au cours des 10 minutes d'observation, soit deux à trois vers de vase toutes les minutes et 30 secondes. Dans la chambre opposée, le groupe de 6 épinochettes est placé dans un habitat « pauvre » avec seulement deux à trois vers de vase distribués à deux reprises, après 1,5 minute et 6 minutes. Ainsi l'épinochette cobaye visualise non seulement le nombre de ses congénères, 2 ou 6, mais aussi le nombre de fois où ils sont nourris dans le milieu riche et pauvre.

Après cette période d'observation, l'épinochette testée est isolée visuellement des deux chambres par des plaques opaques le temps de les vider, d'enlever les congénères et les débris de nourriture. Au bout de quelques minutes, on enlève les plaques opaques et on laisse à l'épinochette la possibilité de choisir entre la chambre située à droite ou à gauche de l'aquarium, en fonction de ses observations antérieures.

Conformément aux prévisions, lorsque les indices sociaux étaient la seule source d'information disponible, les épinochettes ont préféré la chambre associée à 6 congénères. À l'inverse, dans la seconde expérience, elles ont jeté leur dévolu sur la chambre associée à 2 congénères mais où la nourriture était plus abondante, plutôt que sur celle avec 6 individus mais représentant un habitat pauvre. Démontrant de fait la prépondérance de l'information publique sur les indices sociaux.

Pour n'importe quelle espèce sociale, l'information publique peut avoir des implications essentielles pour la survie des individus, mais aussi pour celle de leur progéniture. En recherche, une réponse à une question en appelle souvent une autre. Le choix de l'habitat de reproduction est-il lui aussi influencé par la qualité du milieu ? Et si tel est le cas, comment les animaux font-ils pour connaître au préalable les habitats les plus propices ?

COPIER LES AUTRES POUR SAVOIR OÙ SE REPRODUIRE

Connaître la qualité des parcelles forestières et notamment leur richesse en nourriture est une information essentielle pour le Gobe-mouches à collier, un passereau de taille moyenne, d'un peu plus de 10 grammes, habitant les vieilles futaies d'Europe. Le mâle est facilement reconnaissable grâce à son collier blanc sur la nuque, le noir de sa calotte, de ses joues et du haut de son dos, et ses ailes noires traversées par une tache blanche. C'est un grand migrateur qui passe l'hiver en Afrique et revient fin avril-début mai en Europe pour se reproduire. Le choix du site de reproduction détermine l'avenir de ses nichées. Mais comment, pour un petit oiseau migrateur, connaître à l'avance la qualité du site en forêt où il décidera de se reproduire ? La solution est assez simple : en observant le succès de reproduction des couples voisins les années antérieures, un gobe-mouches est capable d'évaluer si une zone en forêt est susceptible de fournir assez de nourriture. En effet, dans des habitats de bonne qualité, les nichées sont généralement plus importantes et le succès à l'envol des jeunes meilleurs que dans les habitats de qualité moindre.

En 2002, Blandine Doligez, Étienne Danchin et Jean Clobert, de l'université Pierre-et-Marie-Curie, ont publié une étude remarquable sur le rôle de l'information publique chez ces petits oiseaux à la recherche d'un habitat de reproduction. Dans les forêts de l'île de Gotland en Suède, nos trois chercheurs en écologie évolutive et comportementale ont modifié le nombre de jeunes oiseaux par nichées. L'objectif était de simuler des habitats de qualités différentes en ajoutant ou en retirant des juvéniles âgés de 7 jours. Ils ont en quelque sorte créé des parcelles forestières où le nombre de jeunes par couple nicheur a été augmenté, diminué ou laissé inchangé. Puis ils ont enregistré, d'une année à l'autre, les mouvements des individus résidant dans ces parcelles et des immigrants venus de parcelles voisines. Leurs résultats montrent que le taux d'immigration s'est réduit lorsque le nombre de jeunes par nichée a diminué indépendamment de la qualité de ces derniers[1]. La qualité étant une évaluation de la santé des individus, meilleure elle est, meilleure est la santé de l'oisillon à l'envol. Ce résultat suggère que les immigrants ont une information publique uniquement sur le nombre, mais pas sur la santé des jeunes. À l'inverse, le taux d'émigration a augmenté lorsque la quantité mais aussi la qualité des jeunes ont diminué, ce qui prouve que les oiseaux résidants utilisent ces deux informations pour faire leurs choix. Comme on l'a vu, l'intérêt de l'information publique pour un individu est d'être beaucoup plus précise que

1. La qualité d'un individu correspond à une mesure de sa condition corporelle ou si l'on préfère de son état de santé. Elle correspond à une mesure du poids de l'individu pondérée par sa taille.

sa simple expérience personnelle car elle est fondée sur un plus grand nombre d'observations. Cependant, ce n'est qu'en prospectant dans les territoires et parcelles voisines que les gobe-mouches peuvent espérer collecter ce type d'information.

COPIER LE CHOIX DU PARTENAIRE SEXUEL ?

Le choix du partenaire reproducteur est un moment intense dans la vie de chaque individu, et la compétition, pour trouver le ou la partenaire idéal(e), peut être particulièrement coûteuse. Il coexiste dans la nature de nombreux régimes d'appariement : de la monogamie, où la fidélité est une notion toute relative en fonction des espèces, à la promiscuité sexuelle, où les mâles et les femelles peuvent au cours d'une même saison de reproduction s'accoupler avec plusieurs partenaires, en passant par différentes formes de polygamie.

Lors de la saison des amours, un comportement remarquable propre aux espèces polygynes (où un mâle peut s'accoupler avec plusieurs femelles, mais où chaque femelle ne se reproduit qu'avec un seul mâle) est la formation d'un « lek ». Il s'agit de l'agrégation sur une zone restreinte de mâles qui paradent pour séduire les femelles. C'est un système finalement assez pratique qui réduit fortement les coûts associés à la recherche d'un partenaire, puisque l'ensemble des parties souhaitant se reproduire se trouve au même endroit au même moment. Naturellement cela comporte aussi des risques, comme attirer les prédateurs, mais aussi devoir faire face à de nombreux compétiteurs pour accéder au partenaire souhaité. Plus surprenant, ainsi regroupés, les partenaires sexuels potentiels s'espionnent et l'information publique devient cruciale pour les femelles dans leur choix du mâle.

En 1995, une équipe internationale de chercheurs emmenée par Jacob Höglund de l'université d'Uppsala en Suède va apporter les premières preuves du rôle de cette information publique en conditions naturelles chez le Tétras-lyre. Ce petit coq de bruyère forme des leks entre mars et juin, dans des espaces ouverts comme des clairières ou des zones de tourbière. Les mâles se regroupent pour se mesurer au cours de danses ritualisées dont les moindres gestes ont un sens précis. Les femelles observent, généralement durant trois ou quatre jours, les coqs parader et circulent entre les partenaires pour choisir le mâle avec lequel elles vont s'accoupler. Puis elles s'évanouissent dans la nature, laissant de nouvelles femelles venir faire leur choix. Ainsi, lorsqu'une femelle arrive sur un lek, elle peut non seulement évaluer la qualité de chaque mâle lors de leurs affrontements, pour son information personnelle, mais aussi observer le choix des autres femelles, l'information publique (point de pudeur chez cette espèce).

Les chercheurs ont fait deux observations qui confirment le rôle de l'information publique chez le Tétras-lyre. Tout d'abord, en analysant la distribution temporelle des accouplements au sein des leks, ils ont montré qu'un mâle venant de s'accoupler avec une femelle est plus susceptible d'être élu par les autres les jours suivants. Cette observation, me direz-vous, pourrait cependant être le résultat de la simple information personnelle des femelles. Un mâle choisi par une femelle étant supposé être d'une grande valeur, il aurait plus de chance d'être choisi par les femelles suivantes. Mais dans une seconde expérience, Jacob Höglund et ses collègues ont sciemment manipulé l'information publique pour mesurer son importance. Pour cela, ils ont placé des femelles factices, en réalité des tétras-lyres empaillés, non loin des mâles. Les jours suivants, ils ont noté une plus grande présence féminine autour des mâles qui avaient été observés s'accouplant avec les fausses femelles – les tétras-lyres masculins ne sont pas toujours très regardants en période de reproduction... En l'absence de tentatives d'accouplement, les mâles ne bénéficiaient pas de cette préférence. Preuve que les accouplements constituent une information publique essentielle pour les femelles de tétras-lyres.

Le coq de bruyère n'est pas le seul animal à copier les autres pour choisir son partenaire de reproduction. En 1998, trois années après la publication des travaux sur le Tétras-lyre, deux psychologues de l'université McMaster en Ontario, Bennett Galef et David White, vont explorer ce phénomène en laboratoire chez la Caille japonaise, un oiseau qui ne forme pas de leks pour se reproduire. Leur expérience se déroule en trois phases. Premièrement, les femelles ont la possibilité de choisir entre deux mâles. Puis, la moitié de ces femelles sont placées dans un dispositif où elles peuvent observer le mâle non choisi copuler avec une autre femelle ou pas, tandis que l'autre moitié observe le mâle non choisi, seul. Enfin, dans une dernière phase, les femelles test sont remises avec les deux premiers mâles de l'étape 1. Que se passe-t-il alors ? Les femelles qui ont eu la possibilité d'observer le mâle retenu par une autre vont modifier leur choix et passer plus de temps avec lui, qu'il ait ou non copulé lors de la phase 2. Les femelles ayant observé le mâle tout seul ne changent rien à leur comportement. Que signifient ces résultats ? Comme chez le Tétras-lyre, les cailles japonaises femelles ont tendance à être influencées par le choix de leurs congénères, mais cette fois le fait qu'il y ait eu accouplement ou non ne semble pas compter, la simple association d'un mâle avec une femelle est une information publique suffisante.

L'information publique a son côté sombre. Il arrive que la présence d'un public affecte un comportement, influant sur les préférences en matière d'accouplement. Ce que l'on nomme l'« effet du contexte social ». L'individu qui modifie le choix de son partenaire parce qu'il est observé par ses congénères de même sexe peut être animé par plusieurs motivations. Il peut vouloir éviter d'être imité afin de diminuer la compétition pour le partenaire souhaité, ou éviter de choisir au vu de tous un partenaire de haute qualité afin de minimiser le risque d'être finalement rejeté au profit de ses compétiteurs, ou encore d'être évincé par un plus fort et de se retrouver là aussi tout seul.

LE DIAMANT MANDARIN SE MÉFIE DES COPIEURS

Le Diamant mandarin, un oiseau monogame modèle pour de nombreux éthologues, peut modifier son comportement en fonction de l'audience, c'est-à-dire des autres individus qui observent. Dans une série d'expériences publiée en 2012 sur les préférences des mâles pour leur partenaire sexuelle, Frédérique Dubois, de l'université de Montréal, a cherché à savoir si la présence d'autres mandarins de sexe masculin était susceptible d'influencer leur décision. Autrement dit, à mesurer l'influence de cette information sociale. L'expérience a consisté à laisser la possibilité à un mâle de faire un choix entre deux femelles isolées dans des chambres indépendantes, sans possibilité pour ces dernières de se voir ou d'interagir (figure 1, p. 133). Le mandarin est libre de passer le temps qu'il souhaite sur les perchoirs devant la chambre 1 ou la chambre 2. Dans un premier temps, il est d'abord laissé dans la zone 1 d'acclimatation durant une heure afin de lui permettre de se familiariser avec les deux femelles placées dans les chambres en face. Il est ensuite introduit dans le compartiment où il doit faire son choix et les chercheurs mesurent le temps passé sur chacun des perchoirs en face des femelles 1 ou 2. Si le mandarin se place sur celui situé au fond du compartiment de choix, en zone neutre, cela veut dire qu'il n'exprime aucune préférence. Les chercheurs vont ensuite introduire deux informations sociales différentes : sans audience masculine (figure 1.A) et avec une telle audience – en l'occurrence, la présence de deux mâles situés dans deux chambres adjacentes au compartiment où le mandarin testé opère son choix (figure 1.B).

En présence d'une audience, le mâle test a tendance à modifier sa préférence. Plus précisément, il va passer plus de temps devant la femelle qu'il a pourtant considérée comme la moins attrayante dans l'expérience sans public. Une stratégie qui pourrait minimiser les risques d'être rejeté au profit de meilleurs compétiteurs. Ainsi, en présence de rivaux sérieux, mieux vaudrait se montrer moins exigeant, faire un choix prudent en quelque sorte, et préférer des partenaires sexuelles avec lesquelles il est plus probable de parvenir à s'accoupler, que de choisir une femelle plus haut de gamme qui risque de s'échapper pour un autre.

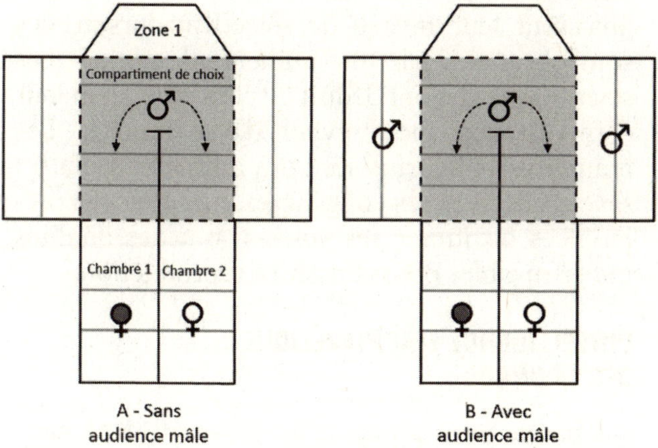

Figure 1 (modifiée d'après Dubois et Belzile, 2012) : Dans les chambres 1 et 2 sont placées deux femelles. Le compartiment grisé correspond à la zone de test du mâle. Les lignes grises représentent les perchoirs tandis que les lignes noires correspondent aux partitions opaques (lignes pleines) ou transparentes (en pointillés). La zone 1 correspond à la zone d'acclimatation.

Quid des femelles ? Car chez le Diamant mandarin, à l'opposé de nombreuses autres espèces, chacun des deux sexes a son mot à dire dans la formation du couple. En utilisant un dispositif expérimental identique, mais en remplaçant les mâles par les femelles et les femelles par les mâles, Frédérique Dubois et Alexandra Belzile ont testé l'hypothèse. Même constat. Les femelles abaissent leur niveau de sélectivité lorsqu'elles sont observées par une audience féminine. Les scientifiques en ont déduit qu'elles ajustaient leur comportement pour éviter d'être imitées. Les diamants mandarins sont des animaux sociaux : savoir observer ses congénères, masquer ses préférences ou imiter ses voisins sont des qualités indispensables pour réussir sa reproduction.

L'INTELLIGENCE MACHIAVÉLIQUE DES DRONGOS

Chaque jour, au cœur du désert du Kalahari, les troupes de suricates s'éveillent et se mettent en quête de leur ration quotidienne de nourriture dans ce paysage aride. Pendant que certains fouillent le sable à la recherche d'insectes et de larves, d'autres, debout sur un promontoire, guettent l'apparition de prédateurs aux alentours. Le danger principal vient du ciel. L'Aigle martial et l'Aigle ravisseur, comme leurs noms l'indiquent, font planer une menace constante sur nos petits mammifères. Les sentinelles ont donc un rôle primordial pour le groupe. En l'absence de danger, elles émettent des petits sons réguliers pour dire que tout va bien ; lorsqu'un prédateur approche, elles poussent un cri d'alarme qui informe le reste de la troupe de la nécessité de se mettre à l'abri dans les terriers. Le cri diffère selon l'ennemi : aigle, serpent ou autres prédateurs terrestres. Dans ce jeu du chat et de la souris, un troisième acteur observe la scène, perché sur un arbuste, non loin des suricates : le Drongo brillant, un passereau de taille moyenne appelé ainsi parce que son plumage noir prend au soleil des reflets bleus ou verts. Cet insectivore chasseur sait profiter des moindres occasions pour attraper son butin. Il est ainsi fréquent de le voir suivre les grands herbivores dans leurs déplacements pour saisir les insectes dérangés par leur passage. Il peut aussi capturer les insectes fuyant les flammes lors des feux de brousse. Le Drongo brillant est un imitateur hors pair capable de reproduire une multitude de sons différents. La fréquence de ces imitations et leur rôle ont été soigneusement étudiés par Tom Flower de l'université de Cape Town en Afrique du Sud en 2014. Il apparaît que les drongos possèdent 6 cris d'alarme spécifiques et qu'ils se sont également spécialisés dans l'imitation des signaux d'alarme sonores d'autres espèces. Ils sont ainsi capables de reproduire un éventail de 45 cris différents, certains individus possédant des répertoires de 9 à 32 sons. Pourquoi apprendre et produire autant de cris différents ? Tout simplement pour tromper d'autres espèces et leur voler leur nourriture. Le Drongo a en effet mis au point une tactique redoutable. La population de drongos brillants étudiée par Flower et ses collaborateurs compte 64 individus, tous reconnaissables par des bagues colorées. Ils passent plus de 25 % de leur temps à suivre les déplacements de deux espèces, le Suricate, mais aussi le Cratérope bicolore, un autre oiseau des savanes. Lorsqu'il repère un prédateur, le Drongo produit un signal d'alarme idoine qui prévient les suricates ou les cratéropes bicolores du danger venant du ciel. Mais le Drongo peut aussi tromper volontairement ses alliés pour leur voler leur nourriture. S'il voit un suricate capturer un insecte ou une larve, il imite son cri d'alarme, l'obligeant à abandonner sa proie pour se réfugier dans son terrier. Il n'a plus qu'à se régaler à moindre coût. Cette tactique de tromperie ne peut être efficace que si elle est utilisée avec parcimonie. Si le Drongo multiplie les faux signaux, elle cesse de fonctionner.

Comme dans la fable d'Ésope « Le garçon qui criait au loup » – où le jeune berger qui a pris l'habitude de crier « au loup » pour se faire secourir par les villageois alors qu'il ne court aucun danger se retrouve seul malgré ses appels au secours lors d'une attaque véritable –, les animaux victimes de la tromperie discriminent et ignorent finalement les faux signaux si ceux-ci sont produits trop fréquemment. Ainsi, si les drongos utilisaient toujours le même cri d'alarme pour effrayer les suricates, ces derniers apprendraient à le reconnaître et éviteraient la tromperie. C'est là où la maîtrise d'une grande variété de cris prend tout son sens. Les drongos peuvent imiter les sons d'alerte poussés par plusieurs espèces comme les suricates, mais aussi des oiseaux, et à l'intérieur de chaque répertoire, utiliser différents cris désignant tel ou tel prédateur. Une tactique qui peut donc fonctionner assez longtemps avec le même groupe de suricates. C'est alors, pour eux, un problème de gestion du risque. Comme les drongos lancent des cris d'alarme aussi bien lorsque la présence de prédateurs est avérée qu'en leur absence, les suricates ne peuvent prendre le risque de les ignorer, même si les cris sont produits pour les tromper en l'absence de menaces. Il vaut mieux pour les suricates perdre une larve en se faisant tromper que de perdre la vie en ne croyant pas le Drongo lors d'une véritable attaque d'un prédateur.

QUAND LES OISEAUX ET LES SINGES CRIENT AU LOUP

Cette utilisation de faux cris d'alarme a été observée chez d'autres oiseaux. Dès 1986, Charles A. Munn, un biologiste affilié à la Société zoologique de New York, dans un article intitulé « *Birds that "cry wolf"* » (littéralement « Les oiseaux qui crient "au loup" »), relate cette stratégie pour deux espèces de la forêt amazonienne, le Tangara versicolore et le Batara bleu-gris. Tous deux jouent un rôle de sentinelles pour les autres espèces d'oiseaux pratiquant dans des groupes composés de plusieurs espèces la chasse des insectes en plein vol. Les tangaras versicolores et les bataras bleu-gris veillent attentivement aux risques d'attaque par les rapaces. En échange de leur vigilance, 85 % de la nourriture des sentinelles provient des insectes dérangés par les individus des autres espèces du groupe. Au premier abord, cela a tout de la relation symbiotique, du « donnant-donnant ». Rien de tel, en fait. Il ne s'agit pas de cadeaux. Jamais une sentinelle ne se voit offrir de la nourriture pour ses bons et loyaux services. En réalité, lorsqu'un oiseau d'une autre espèce commence à pourchasser un insecte qu'il a débusqué, la sentinelle, Tangara versicolore ou Batara bleu-gris, plus rapide et plus agile, capture souvent la proie en premier. Au cours de ces parties de chasse, Charles A. Munn a ainsi observé les deux espèces émettre volontairement le cri d'alarme censé prévenir le groupe de l'attaque d'un faucon... en l'absence de ce dernier. Pour le biologiste, cela ne fait aucun doute, ces appels correspondent à des leurres, vraisemblablement utilisés par la sentinelle pour distraire les autres oiseaux en chasse et ainsi augmenter ses propres chances de capture. La durée des courses-poursuites aériennes entre les oiseaux et les insectes est brève, dépassant rarement plus de deux secondes. À cette vitesse, la moindre hésitation est fatale, ce qui permet à la sentinelle d'atteindre alors la proie en premier.

Plus de vingt ans après les observations de Munn, Brandon Wheeler, de l'université de Stony Brook, publie en 2009 un article au titre similaire, « *Monkeys crying wolf ?* » (« Des singes criant au loup ? ») Le sujet, vous l'avez compris, n'est pas un oiseau mais un petit singe d'Amérique du Sud, le Capucin brun, appelé aussi Sapajou. L'étude se déroule dans le parc national d'Iguaçu, en Argentine, mondialement connu pour ses chutes d'eau. Comme la majorité des autres singes, les capucins ont une société extrêmement hiérarchisée avec des individus dominants et des subordonnés. Par ailleurs, pour prévenir leurs congénères de la menace d'un prédateur en approche, les capucins lancent des sons spécifiques qui provoquent la fuite de la troupe. En étudiant la fréquence et l'origine de ces cris d'alarme, Brandon Wheeler s'aperçoit que ces cris sont parfois produits alors que nul prédateur n'est présent. Pour tester l'hypothèse de la fausse alarme destinée à écarter des concurrents pour se procurer plus aisément de la nourriture, le chercheur va monter un dispositif expérimental particulier.

Dans les arbres, Wheeler cache des bananes, une ressource hautement appréciée des singes comme on le sait. Si les capucins choisissent effectivement de tromper leurs congénères afin d'obtenir plus facilement de la nourriture, Wheeler émet quatre prédictions sur les cris d'alarme. 1. Ils doivent être plus souvent produits par les subordonnés que par les dominants, partant du principe que les singes soumis se nourrissent en dernier et ont moins accès à la nourriture ; 2. Plus fréquents lorsque les bananes sont concentrées en un seul point, car cette situation requiert plus d'interactions antagonistes avec les autres pour se les procurer ; 3. Plus fréquents lorsqu'il y a moins de nourriture disponible ; et 4. Ils sont produits lorsque l'émetteur du cri est suffisamment proche des fruits. Les singes vont confirmer trois de ces hypothèses. Ce sont bien les subordonnés qui émettent les faux cris d'alerte, ils les produisent plus fréquemment lorsque la nourriture est concentrée et lorsqu'ils sont positionnés à deux ou trois mètres des bananes, car ils peuvent ainsi profiter de la fuite de leurs congénères. En revanche, la quantité de friandises, qu'elle soit faible ou abondante, ne semble pas influencer leurs décisions.

FAKE NEWS CHEZ LES GALLINACÉS

Les poules et les coqs de nos basses-cours ont longtemps été considérés comme des animaux de peu d'intérêt. Leur vie semblait se résumer à une recherche stéréotypée de nourriture et à la ponte d'œufs, l'ensemble accompagné de vocalisations assez inélégantes pour des oiseaux. Un constat en fait loin de la réalité et ces animaux ne nous ont pas encore livré tous leurs secrets ! La grande majorité de nos races de poules viennent de la domestication du Coq doré ou de l'une de ses sous-espèces. Les analyses archéologiques effectuées dans la vallée de l'Indus et dans la province chinoise de Hebei suggèrent sa domestication depuis au moins 5 400 ans avant notre ère.

Pour appréhender correctement les comportements et les stratégies utilisés dans les poulaillers, il est important de bien comprendre la vie en version sauvage de nos poules. Originaire de la partie sud-est de l'Asie, le Coq doré forme des groupes de 5 à 15 individus d'âges différents, dirigés par un mâle dominant, avec des femelles et des mâles subordonnés. Il suffit d'observer des poules et des coqs pour savoir que le dimorphisme sexuel – les différences morphologiques entre les sexes – est très marqué avec un coq plus imposant en taille que la poule, une queue en forme de panache, arborant un plumage rouge et doré, une crête également rouge vif, des barbillons de chaque côté de la tête et des ergots utilisés pour se battre. À l'inverse, le plumage de la femelle est assez terne, facilitant le camouflage en cas de besoin, pour elle-même comme pour les œufs et les poussins qu'elle élève seule. La reproduction chez cette espèce rime avec promiscuité sexuelle. Si le mâle dominant a un accès privilégié aux femelles, ces dernières peuvent aussi copuler avec d'autres partenaires pour se reproduire. Les spermatozoïdes de plusieurs mâles se retrouvent alors en compétition pour féconder les œufs.

Au sein des groupes, les coqs sont en permanence engagés dans une course à la séduction pour attirer les femelles et toutes les stratégies sont bonnes, en particulier la manipulation des vocalisations alimentaires. Ces vocalises sont émises par un individu lorsqu'il découvre de la nourriture et ont pour effet d'aimanter ses congénères. Souvent, une femelle attirée par un mâle pourra recevoir de ce dernier de la nourriture, même si ce type d'offrande est plus pratiqué chez les dominants que chez les subordonnés. Là où les choses se complexifient, c'est que le coq est capable de changer de sons en fonction de la qualité de la nourriture ou du type de partenaires à proximité. Ainsi, en présence d'une poule, les vocalises seront plus importantes si l'aliment découvert est considéré de haute qualité, comme des larves d'insectes, que s'il s'agit de graines, une nourriture plus banale. En réponse, la probabilité pour qu'une poulette se rapproche du mâle est plus grande lorsque les vocalises font référence à un mets plus apprécié. Par ailleurs, les coqs modulent leurs émissions vocales en fonction de leurs voisins. Le botaniste et zoologue Peter Marler est un spécialiste du langage des animaux et des chants des oiseaux qui enseigne à l'université Rockefeller de New York. En 1986, lui et son équipe vont conduire une série d'expériences qui consistent à offrir de la nourriture à un coq, soit en présence d'une poule familière, soit d'une poule étrangère, soit d'un autre mâle. Résultat des courses : les vocalisations alimentaires sont plus fréquentes quand le voisinage est constitué de poules familières ou étrangères, alors qu'aucune vocalisation n'est émise en présence d'un second mâle. À ce stade on ne parle pas encore de manipulation. L'affaire devient plus intéressante lorsque l'on observe précisément les motivations qui provoquent les vocalisations des coqs. Il s'avère qu'ils peuvent aussi mentir, en chantant en l'absence de nourriture, une pratique pas si rare que cela. Dans quel but ? Visiblement afin d'attirer les femelles. Ce type de fausse information est plus souvent le fait des subordonnés, les dominants n'ayant semble-t-il pas besoin d'une telle ruse pour attirer les belles. Ce résultat confirme l'idée que l'honnêteté du signal est conditionnée au statut social ; ainsi les mâles dominants seraient plus honnêtes que les mâles subordonnés ! Les vocalisations alimentaires s'accompagnent d'une petite parade au cours de laquelle le coq, pour bien signaler sa découverte à une femelle, remue sa tête de haut en bas, tout en ramassant et en faisant retomber la nourriture. Mais il y a un os. Lorsqu'un subordonné trouve un appétissant ver de terre, ses vocalisations et sa parade peuvent attirer un mâle dominant en lieu et place d'une femelle. À ce problème, les coqs subordonnés ont trouvé une solution : ils inhibent leurs vocalises tout en continuant à reproduire les mouvements caractéristiques de la parade. Ils peuvent ainsi attirer plus discrètement une femelle tout en évitant de se signaler au coq dominant. Comme chez l'Homme, la ruse chez les plus faibles est gage de réussite !

L'INTELLIGENCE COLLECTIVE DES ARTHROPODES

Étudier les comportements intelligents chez les animaux vivant en groupe amène obligatoirement à parler de l'intelligence collective des arthropodes. Parler d'*arthropodes* et non pas seulement d'*insectes* a son importance car l'intelligence collective n'est pas réservée aux seules fourmis, guêpes ou abeilles, comme on le lit souvent ; certaines araignées, dites « sociales », sont aussi capables d'exploits collectifs surprenants.

Ce sont les prouesses de ces animaux, quand ils jouent collectif, qui ont stimulé la curiosité des chercheurs. Comment des organismes aussi petits, avec des capacités individuelles plutôt limitées, peuvent-ils résoudre des problèmes complexes ?

Trouver le chemin le plus court

L'intelligence collective est un domaine de recherche à la frontière de l'intelligence artificielle ; les découvertes des uns nourrissent donc la compréhension des autres, faisant de ce fait grandement progresser les connaissances. Ainsi, le concept de « l'intelligence en essaim », qui a permis de mieux comprendre le fonctionnement des fourmis, a été proposé la première fois par deux chercheurs en électronique et robotique, Gerardo Beni et Jing Wang, en 1989. Gerardo Beni est professeur d'ingénierie électronique à l'université de Californie, un spécialiste des systèmes robotiques. Avec Jing Wang, de la même université, ils décident de présenter un court article sur les robots cellulaires lors d'une conférence en Italie. Gerardo Beni se rappelle que les discussions autour de la notion de robots cellulaires étaient vives : le professeur Alexander Meystel de l'université de Drexel lui aurait dit que le terme « robot cellulaire » était un concept intéressant, mais que son nom n'était pas attrayant. Bref, il fallait un nom un peu plus à la mode. Le groupe de robots qu'analysaient Gerardo Beni et Jing Wang présentait des caractéristiques similaires à celles retrouvées chez les essaims d'insectes, comme un contrôle décentralisé et des individus simples tous identiques. Ainsi, le terme « essaim » mentionné au cours de la discussion par Meystel fut repris par Gerardo Beni. Il y associa le mot « intelligence », car une des caractéristiques d'un comportement intelligent est de produire quelque chose d'ordonné. Ainsi est né le concept de « l'intelligence en essaim ».

Les travaux sur la capacité des fourmis à sélectionner collectivement le chemin le plus court ont été décisifs dans notre compréhension de l'intelligence collective. Pour bien saisir la complexité du phénomène, il est indispensable de maîtriser les rudiments de la communication chimique chez les fourmis qui utilisent aussi le toucher et le son. À la différence des autres modes, la communication chimique s'effectue non pas directement entre individus, mais en déposant des phéromones dans l'environnement. Lorsqu'elles indiquent par exemple un chemin pour trouver de la nourriture, ces substances chimiques stimulent les actions des autres congénères qui, en suivant la piste, déposent à leur tour leurs propres phéromones. Les actions des uns renforcent celles des autres et aboutissent à la création d'une voie unique. Comme ces molécules s'estompent rapidement, la piste chimique suivie par les fourmis disparaîtra dès qu'elles arrêteront de l'emprunter, quand la source de nourriture sera épuisée.

Si l'action des phéromones est connue depuis le milieu du XXe siècle, ce n'est qu'à la fin des années 1980 qu'a été mise au jour la faculté des fourmis à choisir collectivement le chemin le plus court entre leur nid et une source de nourriture. On doit cette découverte au Belge Jean-Louis Deneubourg, professeur à l'université libre de Bruxelles. Ce scientifique a en fait conçu un dispositif simple mais très efficace. Entre leur nid et la pitance, les fourmis se sont vu proposer deux chemins possibles, un long et un court. Si les insectes partent au hasard pour explorer leur environnement, ils vont emprunter l'un des deux et déposer leurs phéromones. Les chanceux qui auront utilisé la piste la plus courte retourneront au nid plus rapidement que les autres et la marqueront une seconde fois avec leurs phéromones. Le chemin optimal est donc davantage chimiquement marqué que le plus long et il attirera toujours plus de fourmis. Ce renforcement différentiel permet à ces dernières de rapidement choisir le bon trajet. Nul besoin de capacités individuelles extraordinaires ou de raisonnement complexe, l'efficacité des phéromones semble largement suffisante pour résoudre un problème mathématique vieux comme le monde : trouver le chemin le plus court entre deux points.

La gestion des cadavres et la création de cimetières de fourmis

Le système cognitif des fourmis, comme pour l'ensemble des insectes, n'est pas suffisamment élaboré pour permettre l'apparition et le développement d'une gestion centralisée. Leur intelligence collective est donc basée sur l'auto-organisation, une décentralisation complète en quelque sorte, où la somme de comportements individuels simples produit des décisions complexes. En 2002, Guy Theraulaz, éthologue au CNRS à l'université Paul-Sabatier de Toulouse, et ses collaborateurs explorent le comportement particulier d'une fourmilière de l'espèce *Messor sancta*. Ce sont des fourmis dites « moissonneuses » qui parcourent leur environnement pour récolter des graines et d'autres sources de nourriture. Comme chez de nombreuses espèces de fourmis, les ouvrières pratiquent l'extraction de la fourmilière des cadavres de leurs sœurs, facilement identifiables par leur odeur typique. Elles forment alors, à l'extérieur, de véritables cimetières en regroupant les fourmis récemment décédées. Là encore, en l'absence d'un coordinateur pour diriger les troupes, il apparaît difficile d'imaginer comment les fourmis décident collectivement de regrouper les cadavres sur un tas plutôt qu'un autre. C'est pourtant ce qui se passe. La découverte de cette équipe internationale peut s'expliquer par la compréhension de deux règles simples pilotant deux comportements nécessaires à la gestion des cadavres. Ces deux comportements sont, en premier, prendre un cadavre et, en second, déposer un cadavre. Les ouvrières n'ont besoin que de ces deux actions. Les deux règles qui dictent ces actions dépendent seulement du nombre de cadavres que perçoit l'ouvrière. La découverte d'un cadavre déclenche automatiquement chez l'ouvrière le premier comportement qui est de s'en saisir, alors qu'à l'inverse, plus les cadavres sont regroupés en tas, moins ce premier comportement est stimulé. Autrement dit, si je trouve un cadavre isolé, je le prends ; si les cadavres forment un tas, je ne m'en saisis pas, et au contraire je dépose le cadavre que je transporte. Et voilà comment les fourmis savent éviter les décharges sauvages et ont organisé le système de collecte le plus performant du règne animal !

À LA RECHERCHE DU CONSENSUS

Prendre une décision collective, par consensus donc, présume que les individus appartenant à un même groupe s'entendent sur l'option choisie. C'est avantageux pour les animaux sociaux car cela permet de maintenir la cohésion du groupe, d'améliorer la vitesse de décision et d'obtenir généralement un meilleur choix que des individus isolés. En l'absence d'un chef ou d'une décision centralisée, parvenir à un consensus dépend directement des interactions entre les individus et leur environnement, en tenant compte des options déjà choisies par les autres membres du groupe. Le consensus apparaît lorsque la probabilité pour un individu de choisir une option augmente avec le nombre de congénères ayant déjà investi ladite option. Cette règle n'est pas réservée aux seuls invertébrés. En 2008, Ashley Ward, membre du Centre de recherche en mathématique biologique de l'université de Sydney, et les membres d'une équipe internationale ont pu montrer chez l'Épinoche, que l'on a déjà rencontrée plus haut, que ces petits poissons de rivières étaient capables de choisir entre plusieurs options en fonction du quorum des réponses des autres membres. Lorsqu'un seuil de réponses identiques est franchi, alors l'individu choisit cette même option, permettant finalement aux membres du groupe, à travers une boucle de rétroaction positive, d'effectuer le même choix. Est-il possible d'expliquer ainsi la formation d'un banc de poissons et ses mouvements ? En partie oui, selon les travaux récents menés par une équipe internationale sous la direction de Guy Theraulaz. En étudiant les déplacements d'un groupe de poissons placé dans un aquarium en forme d'anneau, où les individus nagent soit dans le sens des aiguilles d'une montre, soit dans le sens opposé suite à un demi-tour, les chercheurs ont pu montrer que plus la taille du banc de poissons est importante, moins il est fréquent de constater des demi-tours. En effet, il est moins probable qu'un individu seul puisse initier un demi-tour avec de très nombreux congénères nageant tous dans l'autre sens. Par ailleurs, un demi-tour est plus souvent initié par le poisson en tête de peloton, non pas parce qu'il est le chef, mais parce qu'il a peu de congénères à côté de lui et qu'il est donc moins influencé par ses partenaires. Une fois que ce poisson « pilote » aura indiqué un changement de direction, le mouvement se propagera à l'ensemble du banc de manière linéaire, selon le modèle du domino – un modèle qui ne peut se réaliser que si chaque individu interagit avec un nombre limité de congénères.

LES ANIMAUX FONT-ILS LA GUERRE ?

Où placer dans un ouvrage sur l'intelligence animale la question de la guerre ? Comme cette notion se rapporte à des conflits entre deux ou plusieurs groupes sociaux, le mieux est encore de l'aborder dans ce chapitre. La guerre est définie chez l'humain comme une situation conflictuelle, avec ou sans lutte armée. Il est donc possible d'appliquer ce concept aux animaux vivant en groupe. Les organismes associés à la notion de guerre sont généralement les insectes sociaux. Tout dans leur organisation nous rappelle les luttes armées. L'organisation en caste, la spécialisation des individus dans des tâches uniquement guerrières, le vocabulaire utilisé (nous parlons de « soldats » chez les fourmis et les termites). Dans un article récent, des chercheurs de l'université McGill au Canada ont découvert, chez les fourmis du genre *Pheidole*, le secret de fabrication d'une fourmi soldat cinq fois plus grosse que sa sœur ouvrière, avec une tête et des mandibules disproportionnées. La colonie contrôle en permanence une proportion constante de 5 à 10 % de soldats pour se protéger. Chaque fourmi possède un organe rudimentaire qui apparaît de façon transitoire lors des derniers stades larvaires des soldats. En inhibant la croissance de cet organe au moyen de phéromones, la colonie favorise la production d'ouvrières. En cas de coup dur, si jamais le nombre de soldats diminue, elle peut en augmenter rapidement la production, car la décision de faire une ouvrière ou un soldat apparaît lors des derniers stades de la larve.

La notion de « stratégie », autre élément emprunté au vocabulaire de la guerre, est présente chez les fourmis légionnaires. Elles organisent des raids de colonnes agressives de plusieurs centaines de milliers d'individus à plusieurs millions d'individus à la recherche de proies qu'elles dévorent. Leur logique se rapproche en de nombreux points de la stratégie de la « guerre éclair » en déployant rapidement une très grande force de frappe pour surprendre et détruire l'ennemi. Lorsqu'elles rencontrent d'autres fourmis ou des termites, leur stratégie est d'envoyer en premier les fourmis légères (*minor*), l'équivalent de fantassins, pour ralentir et détruire le plus d'ennemis. Viendront ensuite les « *media* », fourmis plus grandes ; et en dernier les soldats (*major*), pour écraser les rivaux. Chez *Megaponera analis*, une fourmi africaine prédatrice de termites, chaque attaque est coordonnée avec une préparation minutieuse. Des éclaireuses opèrent des repérages de termitières pour évaluer les forces des ennemis. Une fois de retour au nid, la colonne des assaillantes se forme et part à l'assaut. Loin d'être des proies sans défense, les termites possèdent leurs propres soldats armés de puissantes mandibules. Le combat fait de nombreux blessés. Les fourmis ont donc développé un service de secourisme pour aider leurs sœurs en détresse, permettant de limiter les pertes.

Les groupes d'animaux rentrent dans des conflits pour plusieurs raisons, comme la quête de nouveaux territoires. John Mitani, de l'université du Michigan, David Watts, de l'université Yale, et Sylvia Amsler, de l'université de l'Arkansas, ont suivi pendant dix années une troupe de chimpanzés de Ngogo dans le parc national de Kibale en Ouganda. Les comportements agressifs qu'ils vont noter sont loin des interactions antagonistes au sein d'un clan. Ici, il n'est pas question d'établir une hiérarchie entre chimpanzés, mais de gain de territoire et de combats mortels. Le groupe de Ngogo ne compte pas moins de 150 chimpanzés, c'est le clan le plus puissant de la région et il profite régulièrement de l'avantage du nombre pour agrandir son territoire. En dix ans, il va l'accroître de 22 % au détriment des troupes voisines, causant 21 morts lors des combats. Lorsqu'ils décident de passer à l'attaque et de pénétrer en territoire ennemi, les singes avancent silencieusement en file indienne pour surprendre les autres groupes. Ce ne sont pas des rencontres fortuites, mais des attaques réfléchies et organisées, loin de l'image pacifique de ces primates. La primatologue Jane Goodall rapporta dans son livre sur ses trente années d'observation des chimpanzés le conflit de quatre années entre le groupe du Nord et celui du Sud, du parc national de Gombe. Durant ce conflit, les mâles du groupe Kasakela vont anéantir l'ensemble des mâles du groupe Kahama et prendre possession de leur territoire. Les femelles du groupe Kahama vont aussi subir les foudres des mâles, deux vont trouver la mort et trois seront kidnappées.

S'il est tentant de rapprocher ces comportements des guerres humaines, il existe cependant de nombreuses différences. Chez les chimpanzés, les conflits visent à obtenir des gains territoriaux et des ressources alimentaires nécessaires à la survie du groupe. Chez les fourmis, ce ne sont en réalité que des stratégies collectives de prédation. Chez les animaux, il n'existe pas de guerres de religion ni de conflits ethniques.

CHAPITRE 5

NE MANQUAIT PLUS QUE L'INTELLIGENCE ÉMOTIONNELLE

Le concept d'« intelligence émotionnelle » a été imaginé au début des années 1990 par deux universitaires, professeurs de psychologie, Peter Salovey et John Mayer. Voici la définition qu'ils en ont donnée : « Une forme d'intelligence sociale qui implique de contrôler ses propres émotions et sentiments, mais aussi ceux des autres, de pouvoir les distinguer entre eux et de les utiliser pour orienter les pensées et/ou les actions de l'individu. » Le succès de ce nouveau concept, au départ réservé aux études consacrées à l'Homme, fut immédiat et résida sans aucun doute dans la contradiction entre les deux termes associés, intelligence et émotion. Comme le soulignent Salovey et Mayer dans l'introduction de leur article, les émotions dans le monde occidental ont longtemps été perçues (et le restent certainement encore) comme des perturbations qui désorganisent l'activité mentale normale des individus. Elles devaient être contrôlées, soit par l'individu lui-même, soit par des tiers. Dans notre monde dit « moderne », profondément marqué par le rationalisme de Descartes, les émotions demeurent une contrainte, presque une erreur, et sont associées à des troubles comportementaux. Elles empêchent l'individu d'accomplir des actions et seraient à ce titre un obstacle à la décision, et donc naturellement à l'épanouissement.

Bien avant l'invention de « l'intelligence émotionnelle », la richesse du registre naturel des émotions dans le monde animal et la grande variabilité interindividuelle dans leur expression avaient été remarquées par Charles Darwin dans *The Expression of Emotions in Man and Animals*. Dix ans plus tard, George John Romanes, dont j'ai parlé au début de ce livre, franchira, dans son livre *Animal Intelligence*, une étape supplémentaire en considérant que les animaux et les humains possèdent des comportements similaires, incluant les émotions. Dès le chapitre introductif, il donne le ton : « L'expression de peur ou d'affection chez un chien implique une série d'actions neuromusculaires tout aussi distinctes et complexes que l'expression d'émotions similaires chez un être humain. » Au fil des pages, il décline un étonnant bestiaire d'émotions. Il attribue la pugnacité, le courage et la rapacité aux fourmis ; la peur, la colère, la jalousie et la curiosité aux poissons. L'oiseau est sympathique, le lapin timide, et l'éléphant le plus magnanime. Romanes illustre aussi des différences entre espèces. Ainsi, selon lui, « le grizzli fait preuve d'un courage et d'une férocité qui sont étrangers à la nature de l'ours brun et même à la plupart des autres animaux. De même, l'ours blanc fait preuve de beaucoup de courage sous l'influence de la faim ou du sentiment maternel, bien que dans d'autres circonstances, sa discrétion doit être considérée comme une partie de son courage ».

Le concept d'intelligence émotionnelle trouve ses racines dès les premiers essais consacrés au comportement animal et a bénéficié des découvertes sur les relations sociales et l'évolution de la socialité. Comme nous l'avons vu dans le chapitre précédent, les interactions entre les individus au sein des groupes, la capacité de manipuler les réponses des partenaires pour provoquer leur fuite ou pour les séduire sont les prémices de l'intelligence émotionnelle. Les émotions ne sont plus l'ultime frontière entre l'Homme et l'animal.

En 1997, Mayer et Salovey révisent la définition de leur concept : désormais l'intelligence émotionnelle désigne « la capacité à percevoir et à exprimer les émotions, à les intégrer pour faciliter la pensée, à comprendre et à raisonner avec les émotions, ainsi qu'à réguler les émotions chez soi et chez les autres ». Un peu plus tard, ils vont préciser que l'intelligence émotionnelle serait multidimensionnelle et comprendrait quatre branches distinctes : percevoir, assimiler, comprendre et gérer les émotions.

DES ÉMOTIONS OU DES SENTIMENTS ?

Une source de confusion se niche dans les concepts d'émotions et de sentiments. Intimement liés pour certains, les deux termes n'en demeurent pas moins différents. Ainsi, les émotions sont des modifications spontanées du comportement de l'individu, le plus souvent inconscientes. Des réactions psychophysiologiques propres à chacun qui nous ramènent à la notion de personnalité. Selon Denis Réale, titulaire de la Chaire de recherche en écologie comportementale à l'université de Québec à Montréal, la personnalité correspond à des différences comportementales individuelles stables dans le temps, qui peuvent avoir des répercussions importantes sur la vie des individus. Par exemple, chez les tamias de Sibérie, une petite espèce d'écureuil au pelage rayé, les individus les plus prudents, c'est-à-dire ceux qui explorent le moins le paysage, sont généralement moins parasités que les plus téméraires. En contrepartie, ces derniers trouvent plus rapidement de nouvelles sources de nourriture.

À la différence des émotions, les sentiments demanderaient un état de conscience et seraient, entre autres, le résultat à plus ou moins long terme des états émotionnels. Cette dualité, émotions inconscientes et sentiments conscients, permettrait d'attribuer des émotions aux animaux, comme la peur, qui seraient des réactions mécaniques du corps, et des sentiments à l'Homme, seul capable d'un certain niveau de conscience. De nombreux scientifiques font aussi une différence entre des émotions simples, issues du processus évolutif et partagées par de nombreuses espèces animales en fonction de leur niveau de complexité, et des émotions élaborées nécessitant des capacités cognitives élevées. Parmi ces dernières, l'empathie, cette aptitude à se mettre à la place d'un autre individu pour percevoir ce qu'il ressent, a longtemps été considérée comme une émotion propre à l'Homme. Pourtant, dès 1962, deux psychologues américains, George E. Rice et Priscilla Gainer, notaient dans une étude chez le rat la capacité de ce dernier à aider ses congénères en détresse. Dans une expérience célèbre, un rat est suspendu dans les airs avec un harnais, et donc placé en situation de détresse. Un autre rat a alors la possibilité de faire descendre son partenaire pour le ramener au niveau du sol en appuyant sur une barre, chose qu'il fait rapidement. Preuve que le rat est un altruiste !

PERCEVOIR ET PARTAGER LA DÉTRESSE : LA CONTAGION ÉMOTIONNELLE

Les travaux de Rice et Gainer vont pousser de nombreux chercheurs à s'intéresser aux émotions animales. La difficulté, lorsque l'on travaille sur des traits comportementaux qui nécessitent d'utiliser un vocabulaire imaginé par et pour l'Homme, est de concevoir des dispositifs expérimentaux rigoureux afin d'éviter des interprétations anthropomorphiques douteuses. En 2006, des chercheurs canadiens du département de psychologie de l'université McGill à Montréal vont s'attacher à démontrer l'existence de l'empathie chez la souris, à partir d'une expérience comprenant cinq situations distinctes. Le but est de mesurer la réaction des souris face à la douleur d'une congénère. Des souris subissent une injection d'acide acétique provoquant chez elles des torsions du corps qu'il est possible de quantifier. Les chercheurs vont comparer cinq situations : 1. Une souris seule ayant reçu une injection ; 2. Deux souris dont une seule a reçu une injection ; 3. Deux souris, qui n'ont jamais eu de contact préalable, ayant reçu chacune une injection ; 4. Deux souris ayant vécu ensemble pendant 14 à 21 jours, qui reçoivent l'une et l'autre une injection ; 5. Deux souris sœurs ayant reçu chacune l'injection. Les résultats montrent que la souris qui observe une congénère en train de souffrir devient elle-même plus sensible à la douleur. Cependant, cet effet n'est possible que si l'individu en question est un proche, un voisin ou un membre de la fratrie, et uniquement lorsque le contact visuel entre les deux souris est maintenu lors de l'expérience. Si le lien visuel est coupé, par une plaque opaque, la réaction disparaît. Ce qui correspond au modèle perception-action de l'empathie développé par les éthologues Stephanie Preston et Frans de Waal. Frans de Waal est membre du département de psychologie de l'université Emory à Atlanta. Il a débuté ces recherches lors de son doctorat, sur les interactions antagonistes et les alliances chez les macaques. Ces travaux sur les capacités d'empathie des grands singes, profondément inspirés par les études de Tinbergen, l'on conduit à penser qu'elles ne seraient pas réservées aux primates, mais certainement partagées par d'autres espèces de mammifères ou d'oiseaux. Il est aujourd'hui considéré comme l'un des éthologues les plus influents. Stephanie Preston est professeure de psychologie à l'université de Michigan. Après un doctorat en neurosciences du comportement à l'université de Californie, à Berkeley, elle a orienté ses travaux sur les effets de l'émotion dans la prise de décision chez l'Homme comme chez l'animal.

La communication sociale de la douleur au sein d'un groupe est un phénomène complexe qui n'implique pas uniquement la vue. Dans une expérience proche réalisée en 2016,

Monique Smith, du département des neurosciences comportementales de l'université de l'Oregon, et ses collaborateurs vont montrer que des souris, placées dans la même pièce que des congénères souffrant d'hyperalgésie (sensibilité excessive à la douleur), ou en présence de litière de souris hyperalgésiques, pouvaient à leur tour déclencher une réaction similaire. Cette découverte est le résultat d'un concours de circonstances comme c'est souvent le cas en science. Au départ, Monique Smith ne travaille pas du tout sur l'empathie, mais sur l'hyperalgésie provoquée chez les souris par le sevrage à la morphine ou à l'alcool. Problème, si les souris sevrées présentent bien une hypersensibilité à la douleur, les souris témoins, n'ayant jamais été soumises aux injections de morphine ou d'alcool, affichent elles aussi la même sensibilité. Les souris étant placées dans la même pièce, la contagion de l'hypersensibilité peut s'expliquer par un simple transfert de stress, en raison de la communication visuelle avec la souris souffrante, ou par communication olfactive, les odeurs jouant un rôle majeur chez les rongeurs. Mais les souris sevrées comme les souris témoins ne montrant pas de différence dans les niveaux d'hormones de stress, la première hypothèse est abandonnée. Pour tester le scénario d'une transmission olfactive, les chercheurs vont alors exposer des rongeurs à cinq grammes de litière souillée par des congénères hyperalgésiques.

Comme espéré, ils se mettent à présenter à leur tour une hyperalgésie. La simple exposition à des signaux olfactifs a suffi pour générer l'empathie.

PERCEVOIR LA DÉTRESSE ET AIDER SES SEMBLABLES

Les comportements prosociaux sont définis comme des actions produites par un individu et bénéficiant à autrui. Ils correspondent à des comportements dirigés vers d'autres individus en détresse, des actes gratuits pour les soustraire à leur peine. L'empathie est l'un des facteurs couramment évoqués pour expliquer leur apparition. Courante chez l'être humain, son existence chez d'autres espèces animales interroge encore. En 2011, des expériences ont été menées chez le rat. Partant des précédentes observations de contagion émotionnelle entre individus, un groupe de trois chercheurs de l'université de Chicago, Inbal Ben-Ami Bartal, Jean Decety et Peggy Mason, ont cherché à évaluer si la présence d'un rat pris au piège pouvait déclencher chez son compagnon un comportement prosocial motivé par l'empathie sous la forme d'actions visant à le libérer. Dans le dispositif expérimental, deux rats qui avaient séjourné ensemble durant deux semaines (le fait de connaître l'individu est une donnée importante) étaient placés dans une même pièce. Un des rats était enfermé dans une cage au centre de la pièce et le second laissé libre. La cage correspondait à un tube transparent ajouré permettant au compagnon libre de percevoir l'affolement et la détresse de son congénère enfermé. Le tube était fermé par une petite trappe qu'il était possible d'ouvrir en la renversant avec assez de force. Comme dans chaque expérience comportementale, une première phase d'acclimatation et d'apprentissage était nécessaire afin de permettre au rat libre de comprendre comment libérer son compagnon. Si jamais celui-ci n'y arrivait pas, les chercheurs commençaient le travail en déplaçant à moitié la trappe, laissant l'individu ouvrir complètement la cage par lui-même.

Une fois la phase d'apprentissage terminée, les chercheurs, dans une première expérience, placèrent les rats dans deux situations distinctes. Soit les rongeurs étaient déposés dans une pièce avec leur compagnon en cage, soit ils étaient en présence d'une cage vide ou contenant une peluche de rat. Les résultats se révélèrent limpides : dès qu'ils voyaient leur compagnon enfermé, les rats libres le libéraient dans 77 % des cas (23 rats sur 30), alors qu'en présence d'une cage vide ou avec une peluche, seuls 12 % des rats (5 sur 40) ouvraient la porte de la prison. La présence d'un compagnon pris au piège semble bien une motivation suffisante au rat pour le libérer. Détail intéressant, les

6 femelles testées ouvrirent la cage, contre 17 des 24 mâles. Preuve que les femelles montrent plus d'empathie que les mâles…

Le rat étant une espèce hautement sociale, les chercheurs, afin d'être certains que l'empressement à libérer leur compagnon n'était pas le résultat d'un simple besoin d'interaction sociale, modifièrent légèrement le test. Cette fois-ci, en actionnant la trappe, le rongeur pris au piège était libéré dans une pièce adjacente sans contact physique possible avec son libérateur. Les résultats ne montrèrent aucune différence, les rats continuant à libérer le prisonnier. Afin de mettre encore plus à l'épreuve l'empathie des rats, l'équipe de l'université de Chicago leur proposa un choix cornélien. Dans le dispositif, en plus du compagnon en cage, les chercheurs placèrent dans un second piège identique au premier cinq pépites de chocolat, une source de plaisir aussi forte chez les rats qu'elle l'est pour nous. Le rongeur libre avait donc le choix entre libérer son compagnon puis ouvrir le piège pour manger le chocolat, ou accéder en priorité aux pépites chocolatées, puis libérer son compagnon. Les résultats montrent que dans plus de 50 % des cas, les rats préféraient libérer leur compagnon en premier et partager la nourriture avec lui !

PERCEVOIR LA DÉTRESSE ET CONSOLER LES VICTIMES

La consolation peut être définie comme un contact réconfortant volontaire de la part d'un individu envers un tiers en détresse. C'est une réponse émotionnelle, caractéristique de l'empathie chez l'Homme, mais aussi chez plusieurs espèces de grands singes. Sa description chez d'autres animaux est assez récente et reste rare. Pour les espèces sociales, la consolation présente de nombreux intérêts. En effet, au sein d'un groupe, les conflits entre individus sont réguliers, de la simple dispute pour le meilleur emplacement sur un rocher ou la meilleure exposition au soleil, jusqu'à des inter-actions antagonistes plus sévères pour s'approprier de la nourriture ou des faveurs sexuelles. Les conflits rythment nos vies d'humains et celles des animaux. Pourtant, ils sont coûteux en termes d'énergie, de temps ou, plus grave, occasionnent des blessures qui peuvent être fatales dans la nature. Plus insidieusement, les conflits endommagent durablement les relations entre les individus et altèrent la vie au sein des groupes, notamment en devenant une source de stress néfaste.

Un bon moyen d'éviter ces conséquences négatives et d'atténuer leur impact est la réconciliation entre les belligérants. Cependant, il faut être de bonne constitution pour accepter, juste après un conflit, de serrer la patte de son opposant. Généralement la réconciliation, si elle a lieu, survient plus tardivement. Lorsque Frans de Waal et Angeline van Roosmalen décrivirent pour la première fois, en 1979, le phénomène de réconciliation chez les chimpanzés, ils notèrent également que des individus non impliqués dans le conflit pouvaient venir réconforter une des victimes, ce qu'ils qualifièrent de consolation. La consolation n'est pas un acte anodin, c'est une interaction particulière car elle exige des capacités cognitives élevées et un fort degré d'empathie. Pour qu'un individu, témoin d'un conflit entre deux congénères, puisse décider de consoler une des deux victimes, il doit impérativement comprendre que celle-ci est en détresse puis, par des actions appropriées, calmer cette détresse.

CONSOLATION ET EMPATHIE CHEZ LES CORVIDÉS

En 2007, trente ans après les travaux originaux de Waal et Roosmalen, trois chercheurs de l'université de Cambridge, Amanda Seed, Nicola Clayton et Nathan Emery, examinèrent les relations post-conflits chez un corvidé, le Corbeau freux. *Corvus frugilegus*, de son nom latin, est l'une des espèces les plus sociales parmi les corvidés, et donc particulièrement appropriée pour étudier les relations sociales.

Mal-aimé de nos villes et de nos campagnes, le Corbeau freux n'en est pas moins un oiseau fascinant pour les spécialistes du comportement. Par exemple il est capable, en captivité, de spontanément fabriquer ou utiliser des ustensiles pour attraper un ver coincé au fond d'un tube, des comportements difficilement observables dans la nature. Amanda Seed souhaitait, au sein d'un groupe de corbeaux en captivité, identifier des comportements de réconciliation et/ou de consolation, qui avaient été observés au préalable chez les primates. Les conflits entre corbeaux se produisent classiquement lors de la recherche de nourriture, de l'utilisation d'un perchoir, ou à d'autres occasions sans cause évidente si ce n'est probablement des relations hiérarchiques. Contrairement à ce qu'ils avaient constaté chez les primates, les chercheurs n'observèrent jamais de réconciliation, après un conflit, entre les deux corbeaux. Cependant, juste après, la victime comme son agresseur montraient plus d'interactions avec un individu tiers qu'en temps normal. Ces comportements de consolation pouvaient prendre des formes diverses comme des contacts de bec, les deux oiseaux emboîtant alors mutuellement leurs mandibules, des partages simultanés de nourriture, ou encore des mouvements synchronisés avec des individus s'engageant dans une sorte de danse accompagnée de vocalises.

Comme souligné par Amanda Seed, le Corbeau freux est une espèce fortement grégaire. Il niche en de larges et stables colonies, des corbeautières, pouvant comprendre plusieurs centaines de nids. Les primatologues avaient vu juste. Les phénomènes de consolation entre individus doivent exister chez toutes les espèces animales formant des groupes sociaux permanents, mais pour la première fois des scientifiques l'avaient constaté en dehors du groupe des primates, qui plus est chez un oiseau !

La première interrogation une fois résolue en appelait une autre : ces comportements peuvent-ils apparaître chez des espèces qui ne vivent en groupe que de façon temporaire ? C'est le cas du Grand corbeau. *Corvus corax* est le plus grand des corvidés. Adulte, il est territorial et sédentaire, et défend ardemment son domaine vital. La phase grégaire apparaît uniquement chez les jeunes qui forment des groupes erratiques et instables de quelques dizaines d'individus d'âge variable, hors de la cellule familiale, avant de former des couples reproducteurs de nouveau isolés. Pour repérer des comportements de consolation chez cette espèce, Orlaith Fraser et Thomas Bugnyar, de l'université de Vienne en Autriche, ont suivi les comportements et les interactions sociales d'un groupe de 13 corbeaux, 6 femelles et 7 mâles. Les oiseaux étaient observés régulièrement tout au long de la journée afin de noter les conflits agressifs, les identités des agresseurs et des victimes, et l'intensité des pugilats. Comme dans l'étude chez les corbeaux freux, les chercheurs n'ont pas trouvé de preuves de réconciliation entre opposants, mais de nombreux exemples de consolations entre les bagarreurs et les témoins des conflits. Ces derniers étaient même plus susceptibles de venir consoler les victimes lorsque les conflits étaient plus intenses, ce qui avait comme conséquence de réduire la probabilité de nouvelles agressions. La consolation comme moyen d'éviter de potentielles vengeances !

LA CONSOLATION CHEZ LE LOUP

Et si les comportements de consolation et/ou de réconciliation étaient finalement plus répandus dans le règne animal que nous ne l'avions imaginé ? Le comportement du Loup, par exemple, se rapproche de celui des grands singes. Comme chez ces primates, les loups présentent un haut degré de socialité et les réconciliations entre adversaires ou les consolations par des tiers sont assez fréquentes. Malgré l'extrême hiérarchie qui gouverne la société des loups, après un conflit, agresseur et victime recherchent avec la même fréquence à se réconcilier indépendamment de leur position sociale au sein de la meute et de l'intensité du différend. Plus intéressant encore, les comportements de consolation des individus extérieurs au conflit sont fortement influencés par la présence au préalable d'actes de réconciliation. Plus les loups qui se sont querellés ont tendance à se réconcilier, plus ils sont consolés par un tiers. Ces actes consolateurs sont aussi plus fréquents entre individus possédant des affinités, suggérant un mécanisme de réciprocité. L'intérêt de ces comportements chez les loups semble évident lorsque l'on quantifie la fréquence des conflits. Sur 633 heures d'observation d'une meute de 9 loups en captivité (5 mâles et 4 femelles), Giada Cordoni et Elisabetta Palagi, de l'université de Pise, recensèrent 3 344 conflits, soit 1 toutes les 11 minutes. Même si les conflits peuvent être exacerbés dans des conditions de captivité, il est difficile d'imaginer, sans l'existence d'un mécanisme de réconciliation efficace, comment la cohésion au sein d'une meute, vitale pour chaque individu, pourrait perdurer.

Dans les années 2010, les découvertes se sont succédé. En 2014, Joshua Plotnik et Frans de Waal ont mis en évidence chez l'Éléphant d'Asie une plus grande fréquence de contacts entre un individu tiers et un animal en détresse, suggérant tout à la fois un phénomène de contagion émotionnelle mais aussi, de par la nature de ces interactions, des actes de consolation. Plus récemment, une étude a révélé un phénomène identique chez le Campagnol des prairies : les individus du groupe s'intéressent plus fortement à leurs congénères ayant subi un épisode de stress.

LES POISSONS AUSSI ONT DES PEINES DE CŒUR

Comme je l'ai prudemment souligné au début de ce chapitre, débattre des états émotionnels des animaux sans anthropomorphisme nécessite une approche rigoureuse. S'il existe bien un domaine glissant, c'est celui de l'amour et des peines qui lui sont associées. Mais prouver que les animaux peuvent avoir des peines de cœur est une tâche ardue. Chloé Laubu et son directeur de thèse, François-Xavier Dechaume-Moncharmont, de l'université de Bourgogne, ont tout récemment (en 2019) relevé le défi avec une espèce de poisson commune des laboratoires d'écologie comportementale. *Amatitlania siquia* est un poisson d'eau douce originaire d'Amérique centrale, quelquefois nommé le Cichlidé avocat. C'est une petite bestiole, de 7 à 9 centimètres à l'âge adulte, monogame et territoriale, calme la plupart de l'année sauf en période de reproduction où le couple défend vigoureusement son nid creusé dans le sable. Comme chez tous les monogames, trouver le bon partenaire est un gage de succès reproductif et une préoccupation majeure pour les femelles. Les chercheurs ont donc émis l'hypothèse que chez ce cichlidé, comme chez l'Homme, la présence de l'être cher devait avoir un effet positif sur l'état émotionnel de la femelle. À l'inverse, la perte du partenaire aimé, remplacé par un autre moins désiré, devait provoquer des effets négatifs. Pour évaluer l'état émotionnel des femelles en évitant l'écueil de l'anthropomorphisme et des conclusions subjectives, les chercheurs vont astucieusement adopter le test dit « du biais du jugement ». Ce test est basé sur la réponse d'un individu qui doit faire face à une situation ambiguë. Généralement, devant un choix binaire classique, il est facile d'apprendre rapidement à préférer la réponse positive (celle qui fournit par exemple un bénéfice, comme de la nourriture) à la négative. Ainsi, pour leur étude, nos deux chercheurs vont entraîner leurs poissons femelles à soulever les couvercles, noirs ou blancs, de petites boîtes pour y découvrir des vers de vase, un de leurs mets favoris. S'ils cachent les vers de vase dans les boîtes avec des couvercles noirs, les cichlidés apprennent rapidement à les renverser en premier, ne s'intéressant aux récipients à couvercles blancs que dans un second temps. Idem dans l'autre sens, passant des blancs aux noirs.

Mais que se passe-t-il si on offre aux poissons des boîtes avec des couvercles gris ? C'est ce que l'on appelle une situation ambiguë dans le test du biais du jugement. Si l'on considère qu'il existe des biais cognitifs qui influencent le jugement des individus, par exemple en fonction de leur état émotionnel, des femelles cichlidés dans de bonnes dispositions devraient avoir tendance à surestimer la valeur de l'objet. Dans notre exemple, le gris étant proche du noir, elles devraient chercher à ouvrir la boîte avec le couvercle gris espérant y trouver de la nourriture. À l'opposé, dans des dispositions défavorables suite à un désordre affectif, les femelles devraient avoir tendance à sous-estimer la valeur du même objet et à ignorer la boîte au couvercle gris. Dans une première phase, les chercheurs ont mesuré les préférences des femelles pour un partenaire sexuel lors d'un test de choix binaire. Chaque femelle est placée au centre d'un aquarium, avec à sa gauche et à sa droite deux compartiments contenant chacun un mâle. Le score de préférence correspond ainsi au temps relatif passé près de l'un et de l'autre. En général les femelles restent plus de 70 % du temps à côté du mâle qu'elles préfèrent. Les chercheurs vont par la suite former des couples de deux types, soit une femelle et son mâle préféré, soit une femelle et le mâle non choisi. Comme attendu, dans la première configuration, les femelles s'investissent plus dans la reproduction. Mais les résultats vont aussi montrer que la séparation d'une femelle de son mâle préféré, remplacé par un partenaire non désiré, induit chez elle un biais de jugement et un temps de réponse plus long avant qu'elle se décide à ouvrir la boîte avec un couvercle gris. Autrement dit, elle devient pessimiste. Laissée avec son Apollon, elle cherchera à ouvrir la boîte grise comme si elle était noire. Mieux encore, le niveau de pessimisme de la femelle, mesuré par l'augmentation du temps mis pour décider d'explorer la boîte au couvercle gris, est relié à l'intensité de la préférence de la femelle : plus la femelle cichlidé affiche une préférence forte pour un mâle, plus la perte de ce dernier augmente son pessimisme.

DES ÉLÉPHANTS COMPATISSANTS

Les manifestations liées au deuil sont difficilement observables dans le règne animal car, à l'opposé de la douleur ou de la perte du partenaire, comme vu ci-dessus, il n'est pas souhaitable pour des raisons éthiques de provoquer la mort en conditions expérimentales et d'observer les réactions des congénères. Dans la nature, la tâche s'avère tout aussi compliquée, avant tout de par son caractère imprévisible. Néanmoins le suivi sur plusieurs années de groupes d'animaux, œuvre de chercheurs passionnés et pugnaces, a permis de révéler des comportements spécifiques liés à la mort d'autrui. De tous les animaux, les éléphants sont certainement ceux qui ont suscité le plus de fantasmes à ce sujet. Comme la légende des cimetières d'éléphants qui prêtait à ces animaux la capacité de sentir la mort arriver et, dans un ultime voyage, de se retirer dans un lieu secret pour y mourir.

Au-delà des contes, il existe de nombreux témoignages rapportant des comportements curieux chez l'Éléphant d'Afrique. Le plus étayé est sans doute celui des éléphants qui, lorsqu'ils croisent sur leur chemin les restes d'un squelette d'un de leurs congénères, généralement s'arrêtent, touchent du bout de la trompe et de leurs pattes les os du défunt, et peuvent même, par moments, transporter des os sur plusieurs centaines de mètres. Dans les années 2000, Karen McComb et Lucy Baker, de l'université du Sussex au Royaume-Uni, aidées par l'une des spécialistes mondiales des éléphants, Cynthia Moss, de l'Amboseli Trust for Elephant au Kenya, publièrent pour la première fois un article sur le sujet. Cherchant à évaluer objectivement ce comportement, elles firent trois séries d'expériences, proposant à différents groupes de pachydermes soit un crâne d'un congénère, une pièce d'ivoire ou un morceau de bois (expérience 1) ; soit un crâne d'éléphant, un crâne de buffle ou un crâne de rhinocéros (expérience 2) ; enfin, pour trois groupes ayant perdu leur matriarche depuis moins de cinq ans, le choix entre le crâne de leur matriarche et celui d'une matriarche d'un autre groupe (expérience 3). Dans la première expérience, les pachydermes montrèrent un net intérêt pour la pièce d'ivoire, puis pour le crâne de leur congénère, et peu pour la pièce en bois. Dans la deuxième expérience, ils eurent une plus grande attention pour le crâne de l'éléphant comparé aux deux autres crânes, de buffle et de rhinocéros. Dans la troisième expérience, les animaux ne firent aucune différence entre les deux crânes des matriarches. Cela confirma clairement que les éléphants portent plus d'intérêt aux crânes de congénères et à l'ivoire qu'aux objets naturels ou aux crânes d'autres animaux. Cependant, ils ne semblent pas sélectionner spécifiquement les crânes de leurs propres parents. Ainsi, leur attirance paraît être la même quel que soit l'éléphant décédé.

LA MORT DE LA MATRIARCHE

La même année, un autre très grand spécialiste des éléphants, Iain Douglas-Hamilton, fondateur de l'ONG Save the Elephants, publie avec trois collaborateurs le récit des réactions comportementales de plusieurs de ces animaux envers une matriarche mourante et dans les jours suivant le décès. Au sein de la réserve nationale de Samburu, au centre du Kenya, une population de plus de 900 éléphants, tous connus individuellement, est étudiée depuis 1997 par un groupe de scientifiques. Chaque mois, ils viennent vérifier la présence des individus, enregistrer leurs échanges, suivre leur répartition, noter leurs interactions, répertorier les naissances et les disparitions. Au cours de la semaine du 10 au 17 octobre 2003, une matriarche nommée Eleanor va décéder. C'est cet événement enregistré en direct et la présence quotidienne des scientifiques qui vont permettre de mieux cerner les comportements des éléphants lors de la mort d'un des leurs. Les chercheurs vont analyser les enregistrements entre les membres du groupe d'Eleanor, mais aussi les comportements des éléphants d'autres groupes.

Lorsque les rangers trouvèrent le corps d'Eleanor, le 10 octobre, elle était mourante, allongée sur le sol. Quelques minutes plus tard, ils observèrent la matriarche d'un autre groupe, nommée Grace, s'approcher du corps d'Eleanor, la toucher avec sa trompe, ses pieds, puis la soulever avec ses défenses. Elle réussit à aider Eleanor à se remettre debout avant que cette dernière ne retombe finalement, trop affaiblie. Les chercheurs notèrent les nombreuses tentatives de Grace dans les heures suivantes pour aider Eleanor, mais aussi ses nombreuses vocalises et son état de stress important. Dans les jours qui suivirent, les analyses montrèrent que les comportements d'aide et l'intérêt manifesté au corps d'Eleanor ne se limitaient pas aux éléphants de sa propre famille : des membres d'autres groupes manifestèrent eux aussi leur intérêt. Certains restaient proches du corps, immobiles, d'autres l'effleuraient de leurs membres. En 2013, les chercheurs de la réserve relevèrent des comportements similaires suite au décès d'une autre matriarche de 55 ans. Pour Iain Douglas-Hamilton, il est clair que les éléphants, comme les êtres humains, peuvent avoir une attitude compatissante envers les individus en détresse, et qu'ils ont une conscience et une curiosité pour la mort, car ces comportements s'adressent à des individus apparentés, mais aussi à des quasi-inconnus.

LE DEUIL CHEZ LES PRIMATES

Les exemples de comportements spécifiques aux primates suite à la mort d'un des leurs sont de loin les plus documentés, grâce au suivi quotidien sur plusieurs années, en captivité ou en milieu naturel, de groupes appartenant à des espèces diverses. Parmi les comportements observés, celui de la mère portant son enfant et lui prodiguant des soins après sa mort est extrêmement fréquent ; il a été retrouvé chez le Gorille des montagnes, le Chimpanzé, le Gélada, le Sapajou capucin ou encore le Macaque du Japon. Plus rares sont les descriptions de tels comportements face à la mort d'un adulte, mais ceux-ci apparaissent malgré tout assez répandus.

Amy Porter, de la fondation internationale Dian-Fossey, décrivit en 2019 les réactions de plusieurs gorilles suite à la mort d'individus dominants. Le premier exemple est celui d'un groupe de gorilles des montagnes, dans le Parc national des volcans au Rwanda, suite à la mort du mâle dominant, un dos argenté, et d'une femelle adulte dominante du même groupe social. Le second exemple est celui de gorilles de Grauer du parc national de Kahuzi-Biega, en République démocratique du Congo, après le décès d'un mâle dos gris, non dominant, vivant à l'extérieur du groupe.

Dans la quasi-totalité des cas, les primates de chaque groupe, indépendamment de leur âge, de leur sexe ou de leur niveau social, ont interagi avec les cadavres, mais avec une intention différente. Ainsi, chez les gorilles de Kahuzi-Biega, les chercheurs ont noté une absence des femelles autour du cadavre du dos gris extérieur au groupe, et chez les gorilles des montagnes, ils ont constaté que les individus qui passaient le plus de temps autour des cadavres partageaient des relations sociales étroites avec le défunt. Les chercheurs estiment qu'à l'instar des éléphants, les réponses comportementales de ces primates sont influencées en partie par les relations sociales étroites entre le défunt et certains membres du groupe et par une curiosité générale pour la mort...

LE TEST DU MIROIR ET LA CONSCIENCE DE SOI

Le sujet de la conscience de soi est naturellement lié à l'analyse des comportements et des émotions chez l'animal. Cela ne veut pas dire pour autant que pour percevoir des émotions il faut impérativement avoir conscience de soi. La conscience de soi est en réalité une prise de conscience de ses états affectifs et émotionnels. Je suis triste et je prends conscience que je suis triste. Le test le plus connu en éthologie pour évaluer la conscience de soi est le test du miroir, qui peut prendre plusieurs aspects. Afin d'étudier le phénomène de la reconnaissance de soi, les chercheurs peuvent ainsi observer les réactions dans trois situations : 1. Soit placer simplement un individu devant un miroir ; 2. Soit déposer sur un individu une tache colorée et le placer de nouveau devant un miroir, le fameux test de la tache ; 3. Soit lui diffuser son image lors de séquences filmées. Gordon Gallup en 1970 a fait passer avec succès à des chimpanzés le test du miroir et de la tache pour conclure que, comme les jeunes humains qui le réussissent entre 18 mois et 2 ans, les chimpanzés étaient capables d'avoir une véritable conscience d'eux-mêmes.

Le succès de Gordon Gallup a conduit de nombreux chercheurs à soumettre d'autres espèces au test de la tache. Chez les grands singes, les orangs-outans et les bonobos réussissent le test assez facilement, les gorilles plus difficilement. Nos animaux domestiques, chiens et chats, en sont incapables. Au début des années 2000, ce sera au tour des cétacés, dauphins et orques de réussir l'épreuve. Plus tard, en 2006, la même démonstration sera faite chez trois éléphants d'Asie du zoo du Bronx de New York. La Pie bavarde est soumise à son tour avec succès au test en 2008. Récemment, en 2019, une équipe internationale de chercheurs affirme avoir démontré que les labres nettoyeurs, de petits poissons de nos océans spécialistes dans l'entretien de leurs gros congénères, pouvaient passer avec succès le test de la tache. Cet article a relancé le débat sur l'intérêt du test et sa perspicacité. Comme pour de nombreux tests comportementaux simples, le test du miroir (ou de la tache) n'autorise pas de nuance. Soit on le réussit et l'on a une conscience de soi, soit c'est un échec, et dans ce cas nous retournons à notre condition d'animal un peu bête. Pourtant, certains résultats devraient nous inciter à plus de prudence. Le gorille est le dernier des grands singes à avoir réussi le test. Ses échecs successifs lors des premières tentatives ont été attribués au comportement d'évitement des regards chez ce grand singe, non à son incapacité à se reconnaître. Idem pour l'Éléphant d'Afrique qui détruit systématiquement les miroirs qu'on lui propose. Enfin, ce test s'applique uniquement aux espèces dont la vision a un rôle important dans la communication, ignorant une grande part de la diversité des organismes. Finalement, pour de nombreuses espèces, ce test n'a peut-être simplement aucun sens, les miroirs n'étant pas fréquents dans la nature.

EN GUISE DE CONCLUSION : NON PAS UNE, MAIS *DES* INTELLIGENCES

Abeilles, rats, macaques du Japon, fourmis, éléphants, corbeaux, dauphins, bourdons, gorilles... Depuis cent cinquante ans et les travaux de Darwin sur l'évolution des espèces, et depuis longtemps si l'on considère les récits des philosophes grecs, les preuves scientifiques d'une intelligence chez les animaux s'accumulent, au fur et à mesure que progresse la recherche. Les découvertes les plus récentes ont été grandement aidées par la reconnaissance de la pluralité de l'intelligence. Admettre qu'il peut exister d'autres formes d'intelligence que le sacro-saint raisonnement rationnel fut une étape décisive, mais elle n'est pas encore complètement assumée dans toutes les sociétés.

La diversité, cachée dans les moindres recoins de la vie, continue à faire peur ; et l'intelligence n'échappe pas à cette règle. Pourtant, comme pour la taille ou la couleur des yeux, la notion d'intelligence suggère qu'il existe des différences entre individus. Or, si nous admettons facilement que certaines personnes ont la « bosse des mathématiques », il nous est encore difficile d'admettre l'existence d'une « bosse de l'émotion » ou d'une « bosse de la sensibilité » et de comprendre que ces caractéristiques comportementales ne sont pas des erreurs rendant l'individu inapte à vivre en société. Tout ce qui s'éloigne de caractères aussi quantifiables que les performances physiques (courir le plus vite, sauter le plus haut...) ou intellectuelles (le fameux QI) est considéré comme quantité négligeable. Pourtant, accepter l'existence de multiples formes d'intelligence permet de lutter contre la tentation des préjugés, sociaux d'abord – en acceptant des différences entre des groupes d'humains –, et par la suite biologiques – en refusant d'exploiter dans des conditions inadmissibles des espèces animales.

Naturellement, évaluer l'intelligence d'un animal à partir de sa capacité à résoudre des problèmes humains est une tentation pratique pour valider l'hypothèse de la supériorité d'*Homo sapiens* sur le reste du monde vivant. Seulement, si nous inversions les tests, nous serions bien souvent incapables de résoudre les multiples problèmes que la vie pose aux espèces animales. Par exemple, de nombreuses espèces d'oiseaux cachent de la nourriture en prévision de la mauvaise saison et ont développé pour cela une prodigieuse mémoire spatiale. La petite Mésange nonnette a ainsi la capacité de stocker puis de retrouver plus de 10 000 aliments, en ne réutilisant quasiment jamais les mêmes cachettes ; une performance difficile à imaginer pour les humains. Nous ne sommes donc pas obligés d'accepter une vision strictement rationnelle de l'intelligence et d'admettre que seul l'humain est doté de ce caractère. L'idée d'une intelligence multiple dans le règne animal est d'ailleurs ancienne. Pour Aristote, philosophe grec de l'Antiquité, si le *logos* est réservé aux humains, les animaux sont dotés d'une intelligence pratique, comme il l'écrit dans les livres VIII et IX de son *Histoire des animaux*. Une intelligence généralement utilisée pour rechercher de la nourriture ou lors de leurs interactions sociales, et qui est reliée à la mémoire, à l'imagination et à la sensation.

Accepter l'existence des intelligences non humaines n'a pas vocation à affaiblir l'Homme, elle interroge cependant notre utilisation du vivant et soulève des questions éthiques évidentes. Comme les découvertes récentes sur la perception de la douleur chez l'animal, les preuves qui s'accumulent de l'existence de formes d'intelligence animales nous obligent à revoir notre modèle de société et notre façon de traiter les animaux. Pouvons-nous continuer à maintenir et à exhiber en captivité des cétacés, dans le seul but de proposer un loisir au grand public ? Est-il encore possible au XXIe siècle de présenter des grands singes, des félins et d'autres mammifères dans des zoos ? Difficile de ne pas faire le parallèle avec les zoos humains où, il y a cent ans, l'Homme occidental présentait les curiosités des colonies et des contrées lointaines. Des spectacles qui ont connu leur apogée lors de l'Exposition universelle de Paris de 1889 avec la présentation sur l'esplanade des Invalides du « village nègre », la fierté française de cette année-là avec l'inauguration de la tour Eiffel. La description que fait Céline dans son roman *Au prix du silence* de ces quelque 400 indigènes comprenant femmes, enfants, hommes adultes et vieillards, appartenant à différentes ethnies africaines, kanakes et annamites, est glaçante. Depuis, les hypothèses raciales ont été balayées, par la science entre autres. Il faut espérer que le XXIe siècle, éclairé par les nombreuses découvertes des scientifiques sur l'intelligence des animaux, fera preuve de progrès pour la condition animale.

INTELLIGENCE ET TAILLE DU CERVEAU

Contrairement à de nombreuses croyances, l'intelligence n'est pas qu'une question de taille du cerveau. Naturellement, comme de nombreux caractères physiques, celui-ci sera d'autant plus grand que l'animal sera imposant. Ainsi, c'est le Cachalot qui possède le plus gros cerveau : 8 kilos pour une taille de 15 mètres, soit cinq fois plus gros que celui d'un être humain dont le poids moyen du cerveau avoisine les 1,4 kilo. Pour autant, le Cachalot n'est *a priori* pas cinq fois plus intelligent que l'Homme. Comme la relation entre la dimension du corps et celle du cerveau n'est pas linéaire, le poids de celui du Cachalot ne représente que 0,02 % de son corps, contre 2 % pour *Homo sapiens*. Et si l'on calcule pour l'ensemble des espèces le rapport de l'un et l'autre, on découvre que de toutes petites espèces comme le Pachyure étrusque possèdent un cerveau représentant environ 9 % du poids total du corps. Ce n'est pas la seule particularité de cette petite musaraigne que l'on croise dans le sud de la France et dans l'ensemble du bassin méditerranéen. En plus d'être le plus petit mammifère terrestre du globe, son cœur est aussi un des plus rapides, avec environ 1 000 pulsations par minute, contre 60 à 90 pour l'Homme. Cependant, cela n'en fait pas l'animal le plus intelligent de la planète ! Même au sein d'une espèce comme *Homo sapiens*, la comparaison de la taille du cerveau ou du volume crânien ne permet pas d'en déduire les performances intellectuelles de l'individu. Dans la nature, les individus ont en fait des cerveaux correspondant à leurs besoins. Comme c'est l'un des organes les plus gourmands en énergie – il monopolise presque 20 % de la consommation énergétique du corps à lui tout seul –, la sélection naturelle, dans sa grande sagesse, a limité ses dimensions pour de nombreuses espèces qui n'ont pas besoin d'une pléthore de neurones pour vivre. Les spécialistes des cétacés soulignent par exemple que le Cachalot ou l'Orque épaulard ont des cerveaux plus imposants que celui de la Baleine bleue, pourtant le plus grand mammifère du monde car, à la différence de cette dernière qui se nourrit essentiellement de petits crustacés en filtrant des tonnes d'eau, ils doivent chasser en groupe des proies plus grosses et moins faciles à capturer et ils évoluent au sein de structures sociales complexes. Les mêmes causes produisant les mêmes effets, le déterministe environnemental et social semble aussi expliquer l'évolution du cerveau des hominidés. Comme pour les cétacés à dents, sociaux et chasseurs, la taille du cerveau d'*Homo sapiens* serait le résultat de ces deux effets. Pour les partisans de la théorie de l'intelligence machiavélique, comme Frans de Waal, permettant d'expliquer l'évolution rapide de la taille du cerveau chez les primates et les hominidés, le développement du cerveau serait dû à l'augmentation des interactions sociales au sein des groupes et à leur extrême complexité. Avec des interactions interindividuelles plus nombreuses, la capacité à élaborer des stratégies sociales complexes, à manipuler les informations, à tisser des alliances et à choisir ses amis permettrait *in fine* d'avoir des meilleurs résultats. Quoique extrêmement séduisante, cette hypothèse a été récemment pondérée par l'étude de deux chercheurs de l'université de St Andrews, Mauricio Gonzalez-Forero et Andy Gardner, publiée en 2018. À partir de simulations mathématiques, ces deux scientifiques ont estimé que les interactions sociales ne pouvaient expliquer que 40 % de la croissance du cerveau, les 60 % restants seraient les conséquences de la survie dans l'environnement, et principalement de l'activité de chasse, à savoir identifier, déloger et capturer les proies, dans un éternel jeu du chat et de la souris.

UN CERVEAU EN CONSTANTE RÉDUCTION !

La taille du cerveau a toujours stimulé l'imagination de l'Homme. En témoigne l'extravagante histoire de l'encéphale d'Albert Einstein, dérobé lors de l'autopsie de son corps par le Dr Thomas Harvey qui cherchait dans sa morphologie les secrets du génie. Pas de chance, le cerveau du savant ne pesait que 1,230 kilo, moins que la moyenne humaine. Le cerveau des préhumains et des humains a cependant connu une longue phase de croissance au cours de l'évolution. Celui d'*Australopithecus afarensis*, plus connu sous le nom de Lucy, datant de plus de 3 millions d'années, ne pesait que 455 grammes. Celui d'*Homo habilis* ayant vécu il y a 1,5 million d'années était à peine plus gros – 650 grammes. Le poids et le volume crâniens des hominidés vont continuellement progresser pour atteindre leur maximum, chez l'homme de Néanderthal (*Homo neanderthalensis*) et chez les premiers Hommes modernes ayant vécu entre 200 000 et 30 000 ans avant notre ère. Cependant, depuis cette date, notre cerveau se réduit inexorablement. Les travaux menés par Antoine Balzeau du Muséum national d'histoire naturelle sont sans équivoque. En 28 000 ans, notre cerveau a perdu de sa superbe, de quoi, là encore, mettre à mal les hypothèses d'une évolution dirigée vers un Homme toujours plus fort. Ainsi le cerveau des humains actuels est de 15 à 20 % plus petit que celui de leurs ancêtres. Si l'on ne connaît pas les ressorts de cette modification de la taille du cerveau, celle-ci n'implique pas obligatoirement des capacités cognitives moindres, mais différentes. Ce qui a le plus changé depuis 30 000 ans chez l'Homme, c'est son style de vie, de nomade à sédentaire. Il a construit des groupes sociaux plus grands et plus complexes. Il est aussi devenu moins tributaire des aléas de la nature et de ses prédateurs, protégé par le groupe, il est passé de proie à cultivateur. Les progrès technologiques accomplis par notre espèce ont été l'œuvre de groupes d'individus apportant chacun leur pierre à l'édifice. Au sein de nos sociétés, nous nous sommes organisés en groupes de compétences où chaque individu cherche à exceller dans son domaine pour le bien du collectif. C'est sans aucun doute un chemin plus rentable à long terme que celui de la compétition.

L'Homme n'est pas la seule espèce chez laquelle des modifications récentes des cerveaux ont été constatées. Un exemple bien connu est celui des effets de la domestication. Récemment, Irene Brusini, de l'Institut royal de technologie de Stockholm, a comparé la taille et la structure de cerveaux de lapins domestiques et de leurs frères sauvages. Si les deux sont morphologiquement identiques, leurs cerveaux diffèrent profondément. Les lapins domestiqués présentent une réduction de la taille de leur amygdale, cette aire du cerveau associée à la sensation de peur, et un plus grand cortex préfontal médian, région qui contrôle la réaction à la peur. Leur cerveau est plus petit relativement à leur poids et contient moins de substance blanche, celle qui permet la circulation de l'influx nerveux entre les différentes parties du cerveau. Ce tableau anatomique est cohérent avec leur style de vie. Élevés loin des risques du milieu naturel et de la prédation, ces lapins perdent le sentiment de la peur qui, à l'état sauvage, est une question de survie. Dans la nature, des individus avec une amygdale réduite n'auraient qu'une espérance de vie réduite. Idem pour la diminution de la masse de substance blanche qui explique la tranquillité de nos rongeurs domestiques.

Les modifications dues à la domestication ne touchent pas seulement le cerveau. Si notre matou, l'animal domestique le plus présent dans les foyers, a aussi un cerveau plus petit que son cousin sauvage, ce n'est pas leur seule différence. Un groupe de chercheurs internationaux, emmené par Michael Montague, a pu mettre en évidence en 2014 les effets sur le génome. Ils ont montré que les gènes les plus modifiés étaient impliqués dans la réponse à la peur, dans la mémoire et dans la faculté à initier de nouveaux comportements. Une batterie de modifications essentielles pour vivre avec l'Homme.

APPRENDRE DE L'INTELLIGENCE ANIMALE

S'il est un domaine où l'intelligence animale est reconnue depuis des années, c'est bien celui de l'intelligence artificielle, longtemps vue comme un rêve et un espoir. Les progrès dans ce domaine doivent beaucoup aux découvertes sur l'intelligence des animaux, et notamment l'intelligence collective. En réalité, c'est comme si l'Homme, prenant conscience de ses propres limites, cherchait à les dépasser en développant et en maîtrisant d'autres formes d'intelligence qu'il ne possède pas. Généralement, lorsque l'on parle de biomimétisme, on pense au développement de matériaux spécifiques directement inspirés du monde animal. Par exemple, dans le désert de Namibie, le brouillard représente une source d'eau alternative aux rares épisodes de pluie. Plusieurs espèces de coléoptères de la famille des Ténébrionides utilisent leur corps comme capteur de l'eau des brouillards. Ces coléoptères ont des élytres, des ailes durcies qui protègent le dos de l'animal, recouvertes de petites bosses fonctionnant comme un collecteur d'eau plus efficace que des élytres lisses. La succession de microbosses et de rainures capte l'eau et la fait circuler pour abreuver l'insecte. Cette structure a ainsi directement inspiré les capteurs d'eau de brouillard côtier dans diverses zones sèches du globe.

Un autre exemple surprenant de biomimétisme est celui de la gestion des mouvements collectifs. S'il est bien un domaine où l'Homme ne brille pas par son intelligence, c'est celui de sa gestion des mouvements de masse. Circuler dans les métros, les salles de spectacle ou les grandes processions nous montre inévitablement notre inadaptation à ce mode de vie. Pour supporter cette vie collective, nous inventons des règles simples, comme rester sur sa droite dans les escalators pour permettre aux personnes pressées de prendre la file de gauche. Mais au moindre faux pas, au moindre touriste non initié qui reste sur sa gauche, l'accident est inévitable. Les départs en vacances sur les autoroutes françaises offrent un autre exemple de notre incapacité à comprendre et à respecter des règles simples. Lors de ces grandes migrations, les voies de circulation sont prises d'assaut et d'inévitables bouchons se forment sur plusieurs dizaines de kilomètres. Inévitable, pas si sûr. Les sociétés d'autoroute, gestionnaires du trafic, à grand renfort d'informations, renseignent les conducteurs sur la vitesse maximale à ne pas dépasser pour éviter de se retrouver bloqué, et pourtant rien n'y fait. Idem dans nos métropoles toujours plus imposantes où la question des transports est devenue un enjeu majeur.

CIRCULER COMME DES POISSONS DANS L'EAU

Si se déplacer collectivement de façon intelligente ne semble pas faire partie de la panoplie des facultés d'*Homo sapiens*, cela n'est pas vrai pour de nombreuses espèces animales. Observez les mouvements d'un banc de plusieurs milliers de poissons ou un vol de plusieurs centaines d'oiseaux et vous serez stupéfié par l'incroyable fluidité du groupe, la justesse de chaque individu et l'absence de collision. Le secret de ces ballets réside dans la capacité de chacun à ajuster son comportement selon trois règles mises en évidence au début des années 1980 par le biologiste japonais Ichiro Aoki, de l'université de Tokyo. Le modèle d'Aoki, élaboré à partir de l'étude des bancs de poissons, identifie un espace autour de chaque individu, semblable à trois zones concentriques de taille variable, qui influence son comportement en fonction de la présence de congénères. La zone la plus large est appelée « zone d'attraction ». Elle conduit l'individu focal à se rapprocher de la position moyenne occupée par l'ensemble des congénères présents dans cet espace. Cette première règle permet la formation et le maintien du groupe et évite à un individu de se retrouver isolé. La seconde zone, dite « zone d'alignement », conduit chacun à adopter la vitesse et la direction moyenne des congénères qui s'y trouvent, ce qui génère ces incroyables mouvements parfaitement coordonnés lors des rassemblements de milliers d'individus. Enfin, la « zone de répulsion », la plus rapprochée de l'individu, conduit ce dernier à s'éloigner de chaque congénère qui y pénètre, réduisant ainsi le risque de collisions. L'ensemble de ces règles comportementales individuelles rend possibles, sans chef d'orchestre, les déplacements coordonnés, dits « en essaim », de nombreuses espèces animales : poissons, oiseaux, chiroptères, insectes… Appliquées à la gestion du trafic routier, ces règles pourraient demain résoudre de nombreux problèmes de circulation en fluidifiant, tout en densifiant, le trafic sans provoquer le moindre accident. À l'aube de l'utilisation de véhicules partiellement autonomes, il est aisé de mesurer les avantages de tels algorithmes. La maîtrise des modèles mathématiques expliquant les mouvements en essaim pourrait nous permettre d'élaborer un système d'aide à la conduite pour améliorer la sécurité des usagers.

PLAIDOYER POUR LES ÉTUDES DE TERRAIN À LONG TERME

Les sciences comportementales ont rendu possibles de fabuleuses découvertes dans le domaine de l'intelligence animale grâce à la mise en place progressive des suivis de populations sauvages sur de longues périodes. Cantonnées jusqu'au début des années 1950 aux modèles de laboratoire – rats, souris, chats, singes –, les recherches sur des populations sauvages ont ouvert de nouvelles perspectives tout en sensibilisant le grand public à l'importance de préserver des espèces en danger d'extinction, et globalement à la biodiversité. Les travaux sur les macaques japonais depuis les années 1950 ont posé les bases de la primatologie moderne et continuent régulièrement d'alimenter la communauté scientifique en découvertes surprenantes. C'est le cas des travaux menés par les trois chercheuses qui suivent dans leur habitat naturel trois espèces de grands singes, Jane Goodall avec le Chimpanzé et Dian Fossey avec le Gorille dès 1960 et, à partir de 1971, Biruté

Galdikas pour l'Orang-outan. Viendront ensuite des travaux sur des groupes d'éléphants, de dauphins, d'autres singes, en fait sur un ensemble d'espèces sociales qu'il est impossible de garder en laboratoire. Ces études de terrain sont d'autant plus précieuses qu'elles permettent d'analyser des comportements en lien avec les besoins réels des espèces.

En plus des données expérimentales récoltées, ces études nous apportent une information primordiale. C'est en se plaçant du côté de l'animal, et non du côté de l'Homme observateur, que notre compréhension des particularités de l'intelligence de chaque espèce progressera. Au final, les découvertes sur les intelligences animales pourraient bien aider l'Homme à devenir plus créatif, plus conscient de la force du collectif, plus empathique envers son prochain, en clair, à devenir, pour son propre salut, plus animal...

POSTFACE D'ÉTIENNE KLEIN

Comme symbole d'effronterie et d'impertinence, il faudrait prendre la mouche. Tandis que tous les animaux craignent l'homme au-dessus de tout et le fuient déjà de loin, la mouche, elle, se pose sur son nez.

Arthur SCHOPENHAUER

Il est une interrogation récurrente dans l'histoire de la philosophie : y a-t-il continuité entre l'Homme et l'animal ? Ou bien ont-ils des « essences » différentes ? Elle possède deux versants : le premier, épistémologique, interroge ce qui fonde la démarcation entre ces deux habitants du monde vivant ; le second, éthique, questionne les devoirs qui incombent à l'Homme vis-à-vis des animaux. Au fil du temps, différentes doctrines ont constitué des systèmes de valeurs permettant d'y répondre, mais sans jamais faire l'unanimité. C'est ce qu'a bien montré le philosophe Gilbert Simondon, dont le livre intitulé *Deux leçons sur l'animal et l'homme* retrace à grands traits l'évolution de la représentation des rapports entre l'un et l'autre : « Les Anciens, écrit-il, cherchaient à dire : ce qui est vrai de l'homme est vrai en quelque mesure de l'animal [...] ; ensuite, le cartésianisme a affirmé : ce qui est vrai de l'homme n'est vrai en aucune mesure de l'animal [...] ; enfin, les thèses contemporaines avancent que ce que nous découvrons au niveau de la vie instinctive, de la maturation, du développement comportemental dans la réalité animale, permet de penser aussi, en une certaine mesure, la réalité humaine. »

Aujourd'hui, les découvertes de l'éthologie modifient considérablement les contours de cette réflexion. Les critères habituellement utilisés pour distinguer les Hommes des animaux, soit pour placer le premier au sommet de l'échelle du vivant, soit pour le sortir du déterminisme naturel, se trouvent déplacés ou relativisés, voire effacés. La notion d'animalité vient déborder sur celle d'humanité, et réciproquement, de sorte que l'animalité ne renvoie plus à la figure de l'altérité radicale. On peut bien évidemment continuer de souligner l'originalité ou la singularité de l'Homme par rapport aux autres animaux, mais il n'y a plus de démarcation dont on puisse dire qu'elle serait « absolument absolue » : la fameuse coupure anthropologique a pris du plomb dans l'aile.

Mais revenons à l'intelligence, le sujet de ce livre : ce qu'on a dit ou fait en son nom n'a pas toujours été très intelligent. Je ne puis m'empêcher de reprendre le cas, à la fois consternant et cocasse, évoqué dans l'ouvrage, d'une figure monumentale, d'un monolithe écrasant, d'une sorte d'intellectuel total à qui de grands esprits ont réservé un traitement bien stupide : Albert Einstein. Aussitôt après sa mort, en dépit de l'opposition spécifique qu'il avait formulée de son vivant, son encéphale fut prélevé, puis découpé en deux cent quarante lamelles qui furent dispersées entre plusieurs institutions prestigieuses où elles furent minutieusement étudiées. De fieffés réductionnistes avaient formé l'espoir d'y détecter quelque particularité morphologique susceptible d'expliquer son intelligence, comme s'il s'agissait d'une *mécanique* insolite qu'on allait enfin pouvoir démonter !

Gardons-nous toutefois de nous moquer, car nous ne nous montrons guère plus futés lorsque, poussés par je ne sais quel lyrisme déplacé, nous considérons que certains animaux excèdent ce qu'ils sont en projetant sur eux toutes sortes d'attributs arbitraires. C'est le cas par exemple de l'Abeille, que nous avons symboliquement « surgonflée » en la soumettant à une overdose métaphorique. Nous l'avons décrite comme un puits de science ; nous l'avons considérée comme un modèle de vertu : elle serait dévouée, fiable, fidèle, altruiste, travailleuse, économe ; nous en avons fait l'emblème de la monarchie ou de l'empire, mais aussi de l'anarchie, de la démocratie, du communisme ; nous avons tiré de son comportement des leçons d'industrie, de domination, d'organisation, de poésie, de piété, de chasteté ou au contraire de butinage ; nous la prenons en exemple lorsque nous parlons d'intelligence collective, ou bien de citoyenneté participative, ou d'intelligence systémique. Cela ne fait-il pas trop pour une petite bête ?

De ces brèves considérations, je tire la leçon qu'il est difficile de parler intelligemment de l'intelligence, qu'elle soit humaine ou animale. Loïc Bollache, lui, a relevé le défi, à la fois brillamment et modestement. En démontrant, grâce aux nombreuses découvertes scientifiques qu'il raconte, qu'il n'existe pas une, mais des intelligences, pas toujours commensurables les unes aux autres, il a posé le débat en des termes renouvelés qui permettent de dissoudre l'idée simpliste de hiérarchie : les différentes sortes d'intelligences ne peuvent se répartir sur les barreaux de quelque échelle, pas plus qu'elles ne sauraient se réduire à une grandeur mesurable par un simple nombre, tel le QI. Elles doivent plutôt être pensées comme la déclinaison des diverses *ressources* d'adaptation que se partagent les habitants du monde vivant, dont les conditions de vie et les contraintes environnementales, violemment hétérogènes, démultiplient la façon d'être, ici ou là, *intelligent*.

Cet élargissement n'est-il pas un enrichissement conceptuel, c'est-à-dire un cadeau pour l'intelligence ? Plus précisément, pour *nos* intelligences ?

BIBLIOGRAPHIE

INTRODUCTION

BUSNEL R. G., « *Symbiotic relationship between man and dolphins* », *Transactions of the New York Academy of Sciences*, vol. 35, 1973, p. 112-131.

DAURA-JORGE F. G., CANTOR M., INGRAM S. N., LUSSEAU D., et SIMÕES-LOPES P. C., « *The structure of a bottlenose dolphin society is coupled to a unique foraging cooperation with artisanal fishermen* », *Biology Letters*, 2012.

BERNAUD J. L., *Tests et théories de l'intelligence*, Dunod, 2009, 2e édition.

CHAPITRE 1

CHELAZZI G., DELLA SANTINI P., et VANNINI M., « *Long-lasting substrate marking in the collective homing of the gastropod Nerita textilis* », *Biological Bulletin*, vol. 168, 1985, p. 214-221.

WITTLINGER M., WEHNER R., et WOLF H., « *The ant odometer : Stepping on stilts and stumps* », *Science*, vol. 312, 2006, p. 1965-1967.

ARONSON L. R., « *Further studies on orientation and jumping behavior in the gobiid fish, Bathygobius soporator* »,

Annals of the New York Academy of Sciences, vol. 188, 1971, p. 378-392.

UEDA H., « *Physiological mechanism of homing migration in Pacific salmon from behavioral to molecular biological approaches* », *General and Comparative Endocrinology*, vol. 170, 2011, p. 222-232.

PUTMAN N. F., NOAKES D. L., *et al.*, « *Evidence for geomagnetic imprinting as a homing mechanism in Pacific salmon* », *Current Biology*, vol. 23, 2013, p. 312-316.

TULVING E., « *Episodic and semantic memory* », dans *Organization of Memory*, New York, Academic Press, 1972, p. 382-402.

SUDDENDORF T., ET CORBALLIS M. C., « *Mental time travel and the evolution of the human mind* », *Genetic Social and General Psychology Monographs*, vol. 123, n° 2, 1997, p. 133-167.

CLAYTON N. S., et DICKINSON A., « *Episodic-like memory during cache recovery by scrub jays* », *Nature*, vol. 395, 1998, p. 272-274.

MARTIN-ORDAS G., HAUN D., COLMENARES F., et CALL J., « *Keeping track of time : Evidence for episodic-like memory in great apes* », *Animal Cognition*, vol. 13, 2010, p. 331-340.

JOZET-ALVES C., BERTIN M., et CLAYTON N. S., « *Evidence of episodic-like memory in cuttlefish* », *Current Biology*, vol. 23, 2013, p. R1033-R1035.

MCCOMB K., MOSS C., SAYIALEL S., et BAKER L., « *Unusually extensive networks of vocal recognition in African elephants* », *Animal Behaviour*, vol. 59, 2000, p. 1103-1109.

BRUCK J. N., « *Decades long social memory in bottlenose dolphins* », *Proceedings of the Royal Society B : Biological Sciences*, vol. 280, 2013, art. 20131726.

CHAPITRE 2

VON FRISCH K., *Le professeur des abeilles*, Paris, Belin, 1987, p. 92 et 175.

Von Frisch K., *The Dance Language and Orientation of Bees*, Cambridge, Harvard University Press, 1967.

Parcy F., *L'histoire secrète des fleurs*, Paris, humenSciences, coll. « Comment a-t-on su », 2019.

Wenner A. M., et Johnson D. L., « *Honeybees : Do they use direction and distance information provided by their dancers ?* », *Science*, vol. 158, 1967, p. 1076-1077.

Michelsen A., Andersen B. B., Storm J., Kirchner W. H., et Lindauer M., « *How honeybees perceive communication dances, studied by means of a mechanical model* », *Behavioral Ecology and Sociobiology*, vol. 30, n° 3-4, 1992, p. 143-150.

Riley J. R., Greggers U., Smith A. D., Reynolds D. R., et Menzel R., « *The flight paths of honeybees recruited by the waggle dance* », *Nature*, vol. 435, n° 7039, 2005, p. 205.

Seeley T. D., *Honeybee democracy*, Princeton University Press, 2010.

Seeley T. D., et Visscher P. K., « *Quorum sensing during nest-site selection by honeybee swarms* », *Behavioral Ecology and Sociobiology*, vol. 56, n° 6, 2004, p. 594-601.

Ouattara K., Lemasson A., et Zuberbühler K., « *Campbell's monkeys use affixation to alter call meaning* », *Plos One*, vol. 4, n° 11, 2009, art. e7808.

Ouattaraa K., Lemassona A., et Zuberbühler K., « *Campbell's monkeys concatenate vocalizations into context-specific call sequences* », *PNAS*, vol. 106, n° 51, 2009, p. 22026-22031.

Zuberbühler K., Noë R., et Seyfarth R. M., « *Diana monkey longdistance calls : Messages for conspecifics and predators* », *Animal Behaviour*, n° 53, 1997, p. 589-604.

Clarke E., Reichard U. H., et Zuberbühler K., « *The syntax and meaning of wild gibbon songs* », *Plos One*, vol. 1, n° 1, 2006, art. e73.

Rousseau J.-J., *Essai sur l'origine des langues où il est parlé de la mélodie et de l'imitation musicale*, 1781.

Payne R. S., et McVay S., « *Songs of humpback whales* », *Science*, vol. 173, nº 3997, 1971, p. 585-597.

Findlay K. P., Thornton M., *et al.*, « *Humpback whale "super-groups" : A novel low-latitude feeding behaviour of Southern Hemisphere humpback whales (*Megaptera novaeangliae*) in the Benguela Upwelling System* », *Plos One*, vol. 12, nº 3, 2017, art. e0172002.

Videsen S. K., Bejder L., Johnson M. et Madsen P. T., « *High suckling rates and acoustic crypsis of humpback whale neonates maximise potential for mother-calf energy transfer* », *Functional Ecology*, vol. 31, nº 8, 2017, p. 1561-1573.

Herzing D., « *CHAT : Is It A Dolphin Translator Or An Interface ?* », *Wild dolphin project*, 4 avril 2014, http://www.wilddolphinproject.org/chat-is-it-a-dolphin-translator-or-an-interface/

Caldwell M. C., et Caldwell D. K., « *Individualized whistle contours in bottle-nosed dolphins (*Tursiops truncatus*)* », *Nature*, vol. 207, nº 4995, 1965, p. 434.

King S. L., et Janik V. M., « *Bottlenose dolphins can use learned vocal labels to address each other* », *Proceedings of the National Academy of Sciences*, vol. 110, nº 32, 2013, p. 13216-13221.

King S. L., Krützen M., *et al.*, « *Bottlenose dolphins retain individual vocal labels in multi-level alliances* », *Current Biology*, vol. 28, nº 12, 2018, p. 1993-1999.

CHAPITRE 3

Fisher J. B., et Hinde R. A., « *The opening of milk bottles by birds* », *British Birds*, vol. 42, 1949, p. 347 e-357.

Lefebvre L., « *The opening of milk bottles by bords : Evidence for accelerating learning rates, but against the wave-of-advance model of cultural transmission* », *Behavioural Processes*, vol. 34, 1995, p. 43-53.

APLIN L. M., SHELDON B. C., et MORAND-FERRON J., « *Milk bottles revisited : Social learning and individual variation in the blue tit, Cyanistes caeruleus* », *Animal Behaviour*, vol. 85, n° 6, 2013, p. 1225-1232.

KAWAI M., « *Newly acquired pre-cultural behavior of the natural troop of Japanese monkeys on Koshima Islet* », *Primates*, vol. 6, 1965, p. 1-30.

KAWAMURA S., « *The process of sub-culture propagation among Japanese macaques* », *Primates*, vol. 2, 1959, p. 43-60.

MIYADI D., « *Social life of Japanese monkeys* », *Science*, vol. 143, n° 3608, 1964, p. 783-786.

WADA K., *The World of Wild Japanese Monkeys : Focusing on the Ecology in Shiga-Heights*, Kodansha, Tokyo, 1979.

MATSUZAWA T., « *Hot-spring bathing of wild monkeys in Shiga-Heights : Origin and propagation of a cultural behavior* », *Primates*, vol. 59, 2018, p. 209-213.

MERCADER J., BOESCH C., *et al.*, « *4,300-year-old chimpanzee sites and the origins of percussive stone technology* », *Proceedings of the National Academy of Sciences*, vol. 104, n° 9, 2007, p. 3043-3048.

YAMAKOSHI G., et SUGIYAMA Y., « *Pestle-pounding behavior of wild chimpanzees at Bossou, Guinea : A newly observed tool-using behavior* », *Primates*, vol. 36, n° 4, 1995, p. 489-500.

SANZ C., CALL J., et MORGAN D., « *Design complexity in termite-fishing tools of chimpanzees (*Pan troglodytes*)* », *Biology Letters*, vol. 5, n° 3, 2009, p. 293-296.

ALEM S., CHITTKA L., *et al.*, « *Associative mechanisms allow for social learning and cultural transmission of string pulling in an insect* », *Plos Biology*, vol. 14, n° 10, 2016, art. e1002564.

LOUKOLA O. J., PERRY C. J., COSCOS L., et CHITTKA L., « *Bumblebees show cognitive flexibility by improving on an observed complex behavior* », *Science*, vol. 355, n° 6327, 2017, p. 833-836.

CHAPITRE 4

VALONE T. J., « *Group foraging, public information, and patch estimation* », *Oikos*, vol. 56, 1989, p. 357-363.

TEMPLETON J. J., et GIRALDEAU L. A., « *Patch assessment in foraging flocks of European starlings : Evidence for the use of public information* », *Behavioral Ecology*, vol. 6, n° 1, 1995, p. 65-72.

COOLEN I., WARD A. J., HART P. J., et LALAND K. N., « *Foraging nine-spined sticklebacks prefer to rely on public information over simpler social cues* », *Behavioral Ecology*, vol. 16, n° 5, 2005, p. 865-870.

DOLIGEZ B., DANCHIN E., et CLOBERT J., « *Public information and breeding habitat selection in a wild bird population* », *Science*, vol. 297, n° 5584, 2002, p. 1168-1170.

HÖGLUND J., ALATALO R. V., GIBSON R. M., et LUNDBERG A., « *Mate-choice copying in black grouse* », *Animal Behaviour*, vol. 49, n° 6, 1995, p. 1627-1633.

GALEF JR B. G., et WHITE D. J., « *Mate-choice copying in Japanese quail, Coturnix japonica* », *Animal Behaviour*, vol. 55, n° 3, 1998, p. 545-552.

DUBOIS F., et BELZILE A., « *Audience effect alters male mating preferences in zebra finches (*Taeniopygia guttata*)* », *Plos One*, vol. 7, n° 8, 2012, art. e43697.

FLOWER T. P., GRIBBLE M., et RIDLEY A. R., « *Deception by flexible alarm mimicry in an African bird* », *Science*, vol. 344, n° 6183, 2014, p. 513-516.

MUNN C. A., « *Birds that "cry wolf"* », *Nature*, vol. 319, n° 6049, 1986, p. 143.

WHEELER B. C., « *Monkeys crying wolf ? Tufted capuchin monkeys use anti-predator calls to usurp resources from conspecifics* », *Proceedings of the Royal Society B : Biological Sciences*, vol. 276, n° 1669, 2009, p. 3013-3018.

WEST B., et ZHOUB B.-X., « *Did chickens next term go North ? New evidence for domestication* », *Journal of Archaeological Science*, vol. 15, 1988, p. 515-533.
PIZZARI T., CORNWALLIS C. K., LØVLIE H., JAKOBSSON S., et BIRKHEAD T. R., « *Sophisticated sperm allocation in male fowl* », *Nature*, vol. 426, n° 6962, 2003, p. 70.
MARLER P., DUFTY A., et PICKERT R., « *Vocal communication in the domestic chicken : I. Does a sender communicate information about the quality of a food referent to a receiver ?* », *Animal Behaviour*, vol. 34, 1986, p. 188-193.
MARLER P., DUFTY A., et PICKERT R., « *Vocal communication in the domestic chicken : II. Is a sender sensitive to the presence and nature of a receiver ?* », *Animal Behaviour*, vol. 34, 1986, p. 194-198.
PIZZARI T., « *Food, vigilance, and sperm : The role of male direct benefits in the evolution of female preference in a polygamous bird* », *Behavioral Ecology*, vol. 14, n° 5, 2003, p. 593-601.
BENI G., et WANG U., « *Swarm intelligence in cellular robotic systems* », dans *NATO Advanced Workshop on Robots and Biological Systems*, Toscane, Il Ciocco, 1989.
BENI G., « *From swarm intelligence to swarm robotics* », dans *Swarm Robotics*, vol. 3342, Berlin, Heidelberg, Springer, 2005.
GOSS S., ARON S., DENEUBOURG J. L., et PASTEELS J. M., « *Self-organized shortcuts in the Argentine ant* », *Naturwissenschaften*, vol. 76, n° 12, 1989, p. 579-581.
THERAULAZ G., DENEUBOURG J. L., *et al.*, « *Spatial patterns in ant colonies* », *Proceedings of the National Academy of Sciences*, vol. 99, n° 15, 2002, p. 9645-9649.
WARD A. J., SUMPTER D. J., COUZIN I. D., HART P. J., et KRAUSE J., « *Quorum decision-making facilitates information transfer in fish shoals* », *Proceedings of the National Academy of Sciences*, vol. 105, n° 19, 2008, p. 6948-6953.
LECHEVAL V., THERAULAZ G., *et al.*, « *Social conformity and propagation of information in collective U-turns of fish*

schools », *Proceedings of the Royal Society B : Biological Sciences*, vol. 285, nº 1877, 2018, art. 20180251.
RAJAKUMAR R., ABOUHEIF E., *et al.*, « *Social regulation of a rudimentary organ generates complex worker-caste systems in ants* », *Nature*, vol. 562, nº 7728, 2018, p. 574.
FRANK E. T., LINSENMAIR K. E., *et al.*, « *Saving the injured : Rescue behavior in the termite-hunting ant Megaponera analis* », *Science Advances*, vol. 3, nº 4, 2017, art. e1602187.
MITANI J. C., WATTS D. P., et AMSLER S. J., « *Lethal intergroup aggression leads to territorial expansion in wild chimpanzees* », *Current Biology*, vol. 20, nº 12, 2010, p. R507-R508.
GOODALL J., *Through a Window : My Thirty Years with the Chimpanzees of Gombe*, HMH, 2010.

CHAPITRE 5

SALOVEY P., et MAYER J. D., « *Emotional intelligence* », *Imagination, Cognition and Personality*, vol. 9, nº 3, 1990, p. 185-211.
DARWIN C., *The Expression of Emotions in Man and Animals*, John Murray, Londres, 1872.
ROMANES G., *Animal Intelligence*, New York, Appleton, 1883.
MAYER J. D., et SALOVEY P., « *What is emotional intelligence ?* », dans *Emotional Development and Emotional Intelligence : Implication for Educators*, New York, Basic Book, 1997, p. 3-31.
BOYER N., RÉALE D., MARMET J., PISANU B., et CHAPUIS J. L., « *Personality, space use and tick load in an introduced population of Siberian chipmunks Tamias sibiricus* », *Journal of Animal Ecology*, vol. 79, nº 3, 2010, p. 538-547.
MAYER J. D., CARUSO D. R., et SALOVEY P., « *Emotional intelligence meets traditional standards for an intelligence* », *Intelligence*, vol. 27, nº 4, 1999, p. 267-298.

BOYER N., RÉALE D., MARMET J., PISANU B., et CHAPUIS J. L., « *Personality, space use and tick load in an introduced population of Siberian chipmunks Tamias sibiricus* », *Journal of Animal Ecology*, vol. 79, n° 3, 2010, p. 538-547.

GRIFFITHS P. E., « *III. Basic emotions, complex emotions, machiavellian emotions 1* », *Royal Institute of Philosophy Supplements*, vol. 52, 2003, p. 39-67.

RICE G. E. J., et GAINER P., « *"Altruism" in the albino rat* », *Journal of Comparative and Physiological Psychology*, vol. 55, 1962, p. 123-125.

LANGFORD D. J., MOGIL J. S., *et al.*, « *Social modulation of pain as evidence for empathy in mice* », *Science*, vol. 312, n° 5782, 2006, p. 1967-1970.

PRESTON S. D., et DE WAAL F. B. M., « *Empathy : Its ultimate and proximate bases* », *Behavioral and Brain Science*, vol. 25, 2002, p. 1-71.

SMITH M. L., HOSTETLER C. M., HEINRICHER M. M., et RYABININ A. E., « *Social transfer of pain in mice* », *Science Advances*, vol. 2, n° 10, 2016, art. e1600855.

BARTAL I. B. A., DECETY J., et MASON P., « *Empathy and prosocial behavior in rats* », *Science*, vol. 334, n° 6061, 2011, p. 1427-1430.

DE WAAL F. B. M., et VAN ROOSMALEN A., « *Reconciliation and consolation among chimpanzees* », *Behavioral Ecology and Sociobiology*, vol. 5, n° 1, 1979, p. 55-66.

FRASER O. N., et BUGNYAR T., « *Do ravens show consolation ? Responses to distressed others* », *Plos One*, vol. 5, n° 5, 2010, art. e10605.

CORDONI G., et PALAGI E., « *Reconciliation in wolves (*Canis lupus*) : New evidence for a comparative perspective* », *Ethology*, vol. 114, 2008, p. 298-308.

PALAGI E., et CORDONI G., « *Postconflict third-party affiliation in* Canis lupus : *Do wolves share similarities with the great apes ?* », *Animal Behaviour*, vol. 78, n° 4, 2009, p. 979-986.

PLOTNIK J. M., et DE WAAL F. B., « *Asian elephants (*Elephas maximus*) reassure others in distress* », *PeerJ*, vol. 2, 2014, art. e278.

BURKETT J. P., YOUNG L. J., *et al.*, « *Oxytocin-dependent consolation behavior in rodents* », *Science*, vol. 351, n° 6271, 2016, p. 375-378.

LAUBU C., LOUÂPRE P., et DECHAUME-MONCHARMONT F.-X., « *Pair-bonding influences affective state in a monogamous fish species* », *Proceedings of the Royal Society B : Biological Sciences*.

MCCOMB K., BAKER L., et MOSS C., « *African elephants show high levels of interest in the skulls and ivory of their own species* », *Biology Letters*, vol. 2, n° 1, 2005, p. 26-28.

DOUGLAS-HAMILTON I., BHALLA S., WITTEMYER G., et VOLLRATH F., « *Behavioural reactions of elephants towards a dying and deceased matriarch* », *Applied Animal Behaviour Science*, vol. 100, n° 1-2, 2006, p. 87-102.

PORTER A., CAILLAUD D., *et al.*, « *Behavioral responses around conspecific corpses in adult eastern gorillas (Gorilla beringei spp.)* », *PeerJ*, vol. 7, 2019, art. e6655.

GALLUP G. G., « *Chimpanzees : Self-recognition* », *Science*, vol. 167, n° 3914, 1970, p. 86-87.

REISS D., et MARINO L., « *Mirror self-recognition in the bottlenose dolphin : A case of cognitive convergence* », *Proceedings of the National Academy of Sciences*, vol. 98, n° 10, 2001, p. 5937-5942.

DELFOUR F., et MARTEN K., « *Mirror image processing in three marine mammal species : Killer whales (*Orcinus orca*), false killer whales (*Pseudorca crassidens*) and California sea lions (*Zalophus californianus*)* », *Behavioural Processes*, vol. 53, n° 3, 2001, p. 181-190.

PLOTNIK J. M., DE WAAL F. B. M., et REISS D., « *Self-recognition in an Asian elephant* », *Proceedings of the National Academy of Sciences*, vol. 103, n° 45, 2006, p. 17053-17057.

Prior H., *et al.*, « *Mirror-induced behavior in the magpie (Pica pica) : Evidence of self-recognition* », *Plos Biology*, vol. 6, n° 8, 2008, art. e202.

Kohda, *et al.*, « *If a fish can pass the mark test, what are the implications for consciousness and self-awareness testing in animals ?* », *Plos Biology*, vol. 17, n° 2, 2019, art. e3000021.

CONCLUSION

Stevens T. A., et Krebs J. R., « *Retrieval of stored seeds by marsh tits Parus palustris in the field* », *Ibis*, vol. 128, n° 4, 1986, p. 513-525.

Byrne R. W., et Whiten A., *Machiavellian Intelligence : Social Expertise and the Evolution of Intellect in Monkeys, Apes, and Humans*, Oxford University Press, 1988.

De Waal F. B. M., *Chimpanzee politics*, Jonathan Cape, 1982.

González-Forero M., et Gardner A., « *Inference of ecological and social drivers of human brain-size evolution* », *Nature*, vol. 557, n° 7706, 2018, p. 554.

Balzeau A., Prima S., *et al.*, « *First description of the Cro-Magnon 1 endocast and study of brain variation and evolution in anatomically modern Homo sapiens* », *Bulletins et Mémoires de la Société d'Anthropologie de Paris*, vol. 25, n° 1-2, 2013, p. 1-18.

Brusini I., Smedby Ö., *et al.*, « *Changes in brain architecture are consistent with altered fear processing in domestic rabbits* », *Proceedings of the National Academy of Sciences*, vol. 115, n° 28, 2018, p. 7380-7385.

Montague M. J., Driscoll C. A., *et al.*, « *Comparative analysis of the domestic cat genome reveals genetic signatures underlying feline biology and domestication* », *Proceedings of the National Academy of Sciences*, vol. 111, n° 48, 2014, p. 17230-17235.

Nørgaard T., et Dacke M., « *Fog-basking behaviour and water collection efficiency in Namib Desert Darkling beetles* », *Frontiers in Zoology*, vol. 7, nº 1, 2010, p. 23.

Moussaïd M., *Fouloscopie : ce que la foule dit de nous*, Paris, humenSciences, 2019.

Aoki I., « *A simulation study on the schooling mechanism in fish* », *Bulletin of the Japanese Society of Scientific Fisheries*, vol. 48, 1982, p. 1081-1088.

Couzin I. D., Krause J., James R., Ruxton G. D., et Franks N. R., « *Collective memory and spatial sorting in animal groups* », *Journal of Theoretical Biology*, vol. 218, nº 1, 2002, p. 1-11.

POSTFACE

Simondon G., *Deux leçons sur l'animal et l'homme*, Paris, Ellipses, 2004, p. 62-63.

REMERCIEMENTS

À Fernand Nicolas, ornithologue et naturaliste, à jamais mon premier professeur.

À mes parents, ma femme, mes enfants et mes amis, pour leur soutien.

À mes étudiants dont la curiosité oblige à rester en éveil.

TABLE DES MATIÈRES

Chapitre 2

Chapitre 3

Chapitre 4

13406

Composition
PCA

Achevé d'imprimer en Slovaquie
par NOVOPRINT SLK
le 16 janvier 2022.

Dépôt légal : février 2022
EAN 9782290249970
L21EPLN002928N001

ÉDITIONS J'AI LU
87, quai Panhard-et-Levassor, 75013 Paris

Diffusion France et étranger : Flammarion